SHOES

AN ILLUSTRATED HISTORY

鞋靴图文史

从远古至21世纪，用图片和文字讲述鞋靴背后的故事

影响人类历史的8000年

[英] 丽贝卡·肖克罗斯（Rebecca Shawcross）◎著

晋艳◎译

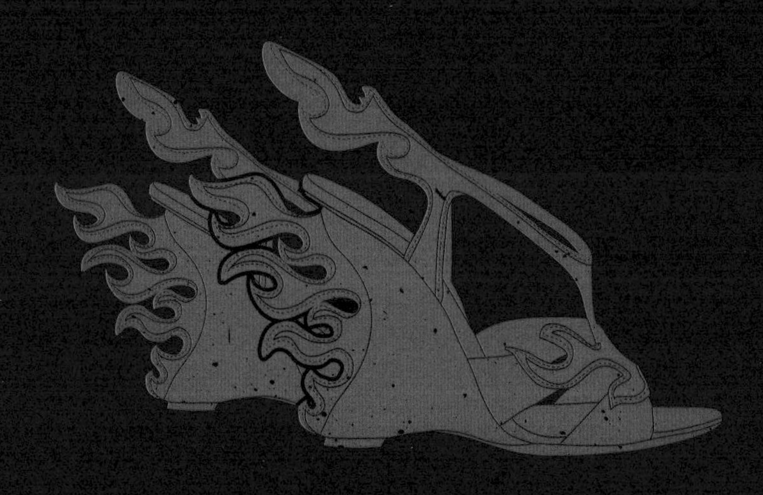

金城出版社

GOLD WALL PRESS

·北京·

图书在版编目（CIP）数据

鞋靴图文史：影响人类历史的8000年：彩印精装典藏版 / (英) 丽贝卡·肖克罗斯 (Rebecca Shawcross) 著；晋艳译. —北京：金城出版社有限公司，2023.8
(世界人文史系列 / 朱策英主编)
书名原文：Shoes: An Illustrated History
ISBN 978-7-5155-2437-5

Ⅰ. ①鞋… Ⅱ. ①丽… ②晋… Ⅲ. ①鞋－生活史－世界 Ⅳ. ① TS943-091

中国版本图书馆 CIP 数据核字（2022）第 251396 号

鞋靴图文史
XIEXUE TUWENSHI

作　　者 [英] 丽贝卡·肖克罗斯
译　　者 晋　艳
策划编辑 朱策英
责任编辑 李晓凌
特约编辑 吕本明
责任校对 柴　桦
责任印制 李仕杰
开　　本 710 毫米 × 1000 毫米　1/16
印　　张 26.5
字　　数 394 千字
版　　次 2023 年 8 月第 1 版
印　　次 2023 年 8 月第 1 次印刷
印　　刷 小森印刷（北京）有限公司
书　　号 ISBN 978-7-5155-2437-5
定　　价 148.00 元

出版发行 **金城出版社有限公司** 北京市朝阳区利泽东二路 3 号　邮编：100102
发 行 部 (010) 84254364
编 辑 部 (010) 64271423
投稿邮箱 jinchenglxl@sina.com
总 编 室 (010) 64228516
网　　址 http://www.jccb.com.cn
电子邮箱 jinchengchuban@163.com
法律顾问 北京植德律师事务所 (电话) 18911105819

目录

第三章
欧洲文艺复兴时期　/055

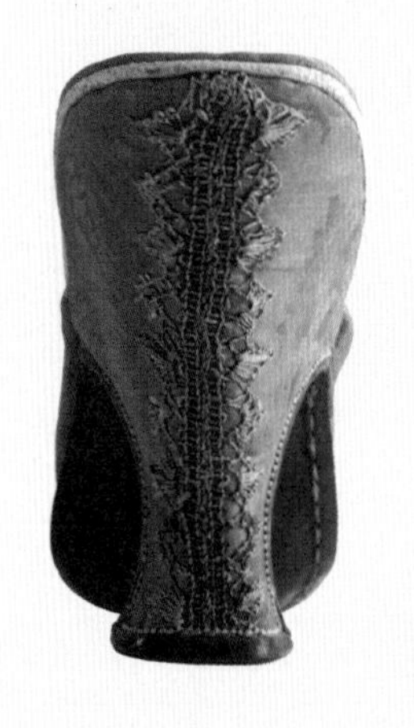

第四章
迈向理性时代　/081

第五章
回归简约　/109

第七章
世纪之交 /221

第八章
经济紧缩年代 /259

第九章
新时代 /299

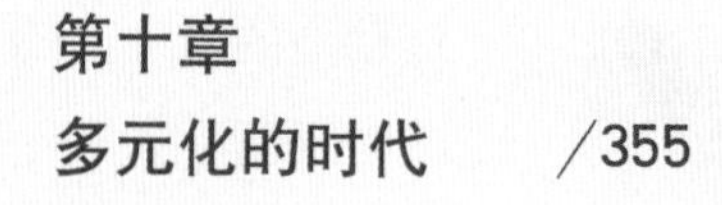

前言

有谁不钦佩制作一双定制布洛克鞋所需要的手艺呢？有谁不为镶钻的“恨天高”神魂颠倒呢？有谁不曾梦想拥有一双马诺洛·伯拉尼克（Manolo Blahnik）的最新款鞋子呢？我们每个人都对鞋子十分痴迷，但这种纵贯古今的痴迷却不曾出现在其他衣物上。究竟是什么让全世界都为鞋子而疯狂呢？

这个问题无法用三言两语来回答。如果我们研究一下人类与鞋子之间漫长又复杂的关系，一连串的答案便会浮出水面。原因在于，这种痴迷并非只限于现代，而是可以追溯到更久远的过去，也并非只是对最新设计师品牌和T台风格的一时迷恋，而是有着更深刻的内涵。

鞋子的二元性

人们对鞋子的痴迷，在某种程度上与鞋子的二元性有关。一方面，鞋子只不过是实用的足部包裹物，因为鞋子最基本的功能是使双足在寒冷和潮湿中保持温暖与干燥，为双足在不平的地面上行走提供舒适感与保护。另一方面，鞋子上可以布满花哨的装饰，设计极其不实用，甚至极易损坏，除了迎合穿鞋人的虚荣心和做作的风格，再无他用。

在鞋履的历史中，实用与华而不实的二元性交替出现。几个世纪以来，为特定用途设计的鞋子不断涌现。例如，罗马军靴是一种皮制的行军鞋，为增强抓地力还配有鞋钉。又如，18世纪便于长距离骑行的厚皮马靴和20世纪30年代运动健将们所推崇的阿道夫·阿迪·达斯勒的尖钉跑鞋。每当大众需要经久耐用的款式，或者突破传统工艺的机遇出现时，鞋履设计师们总能不负众望。对于上述例子中的鞋子而言，设计的核心往往是实用性，因为在困苦不堪或经济困顿的社会环境中，华而不实的鞋款并不常见。例如18世纪90年代法国大革命之后，以及第一次世界大战和第二次世界大战期间，华而不实的鞋款消失殆尽，而实用性强的款式出尽了风头。

华而不实的鞋款也经历了类似的轮回。华而不实之最一定是增厚的鞋底和增高的鞋跟。早在中世纪，人们在穿高底鞋的时候就已经发现，无论是对穿鞋人还是旁观者而言，鞋的高度都很有吸引力。虽然带跟的鞋子并不舒适，但人人都会因增加了几厘米的身高而兴奋不已。

鞋跟的发展相对比较慢，因为鞋跟给鞋匠带来了技术挑战。虽然细高跟鞋已是当代衣橱的必备品，但它们直到20世纪50年代才问世。鞋跟并不是几个世纪以来唯一华而不实的设计。长久以来，鞋子都由精美的面料制成，还配有带扣、蝴蝶结和玫瑰花，设计风格和华丽程度远远超出实际用途。

地位的象征

距今不太久远之时（至少就鞋履的历史而言），只有社会中最富有或者地位最高的人才能拥有一双新鞋。鞋子由技艺娴熟的工匠手工制成，制作材料也十分昂贵，所以制作一双鞋子既耗时又费钱。因此，从中世纪到文艺复兴时

这双丝缎穆勒鞋可以追溯至 1720 年左右，据说是法国货。谈起时尚，大众一直认为法国人才是品位和风尚的权威人士。从 15 世纪到 18 世纪，欧洲各国广泛接纳和效仿法国的最新款式。

期，从17世纪、18世纪直至19世纪，鞋子都被视为身份和地位的象征。一个人对鞋子的选择，立刻能反映出他的社会地位和财富。鞋，例如中世纪的波兰那鞋和20世纪50年代的尖头鞋，在某种程度上能表明一个人的身份，彰显一个人的性格，宣告一个人的性别倾向。

从19世纪中叶开始，工业时代的大批量生产使得拥有一双新鞋不再是达官贵人的特权（但即使在今天，大多数人仍买不起定制鞋）。不过，鞋子仍能透露一个人的身份信息。购买一双新鞋时，人们不仅会考虑价格，还会有意或无意地考虑自己的身份。我们对鞋子的选择不仅代表我们对自己的看法，还代表我们希望别人如何看待我们以及我们的社会角色。细高跟鞋，特别是20世纪80年代女强人们穿的那种鞋，将女性的影响力、掌控力、魅力和性感完美地融为一体。我们对鞋子十分痴迷，我们不仅苦恼自己该买什么鞋子，还不断观察他人穿什么鞋子，从而判定他们是什么样的人，或者他们希望我们以为他们是什么样的人。

有趣的是，尽管有些人声称自己对鞋子并不感兴趣，只挑选实用的款式，他们所挑选的鞋子仍在传递个人信息。

亲密关系

你如果曾穿过别人的鞋子，肯定会记得那种奇怪和不舒服的感觉。即使那双鞋和你的鞋一模一样，你也会觉得它十分陌生，因为与其他衣物不同，鞋子会依据主人独一无二的脚部轮廓永久定型。正因如此，我们会与鞋子建立亲密关系，我们会永远记得旧时的心爱之物，也会为失去旧爱而感伤。

通过一双旧鞋能捕捉到原主人的气息，也许主人早已不在人世，但他的烙印却被永久地保留下来。小孩子总是迫不及待地穿上父母的鞋子，扮演妈妈或爸爸。但很少有人愿意穿逝者的鞋子，或许是因为鞋子与已去世主人的亲密关系让人望而却步，害怕过早步其后尘。

在世界上的许多文化中，藏鞋的传统已经流传了几千年，鞋子通常被藏在房屋的框架结构中。在大多数情况下，被藏起来的都是孩童的鞋。被藏起来的鞋子一般极其破旧，象征主人的灵魂还残留在鞋中，包裹在鞋子的独特形状里。或许，这些灵魂肩负着驱除邪恶幽灵的职责，以防它们伤害房屋的居住者。

象征意义

鞋子在许多文化中一直具有象征意义，鞋子的象征意义证明了我们对鞋的痴迷具有长期性和普遍性。鞋子记录着改变人生的重要时刻，所以人们会保留孩子们的第一双鞋来纪念他们的小脚丫，同样鞋子在婚礼上的作用也不容忽视。此外，鞋子在全世界的成年仪式中都非常重要。庆祝女孩 15 岁生日的成人礼是拉丁美洲的传统习俗之一。15 岁生日与之前的生日不同，因为这标志着她从女孩到女人的蜕变。在成人礼上，女孩的父亲会为她褪去平底鞋，换上一双高跟鞋，“换鞋”意味着女孩已经蜕变成女人。

如今，在希腊婚礼上，新娘的鞋底仍会写上一些名字。大喜之日结束时，鞋底上剩下的名字数量预示着新娘将生育几个孩子，或者在某些传统中预示着新娘的朋友中谁会是下一位新人。

中国古代的“寿鞋”上绣有莲花和梯子，指引逝者转世投胎，而在门廊用力拍打鞋子据说可以唤回游魂。

由古及今

在美国密苏里州发现的凉鞋可以追溯至大约 8000 年前，我们由此得以确定人类穿鞋已有数千年的历史。自那以后，鞋子的演变方式是古代制鞋者根本无法想象的。

为了歌颂我们对鞋子由来已久的痴迷，并探讨前文提及的诸多话题，本书对鞋履从远古时代到现代的发展进行了翔实的图文记录。

本书主要着眼于过去 1000 年的流行鞋履款式，描绘了从用稻草填充的软底鞋、带刺绣的穆勒鞋、优雅的宫廷鞋、时髦的双色鞋，直至大名鼎鼎的克里斯提·鲁布托（Christian Louboutin）红底鞋的鞋履发展历程。

本书由博物馆策展人丽贝卡·肖克罗斯（Rebecca Shawcross）撰写，突出了鞋履款式和制鞋技术的重要进步，并记录了几个世纪以来影响鞋履设计的重大政治、社会和经济事件。这些故事颇具魅力，与精彩的鞋履轶事一同揭示了不同历史阶段人们对不同鞋子款式的看法。

1979年，西娅·卡达布拉（Thea Cadabra）设计并制作了这款令人赞叹的龙鞋，其设计在艺术与传统制鞋之间实现了完美的平衡。这双精美的鞋用上等皮革手工制成，既精巧又耐穿。

第一章 最早的鞋子

自远古时代开始

鞋子的起源

没人了解鞋子的确切起源，没有任何文字记载过人类究竟从何时开始穿鞋，我们也不知道第一个穿鞋的人是谁。然而，近期发现的鞋履文物，以及古代伊特鲁里亚壁画等图画资料告诉我们：鞋子自史前时代就已存在。

早期鞋子的功能是由地理位置决定的。在气候炎热的地区，人们需要能在坑洼地形上行走的鞋子，同时也要求穿着凉爽，凉鞋应运而生。在气候寒冷的地区，鞋子的首要功能是保暖，于是厚实的鞋子出现了。纵观全世界，早期人类用猎杀的动物皮毛制作衣物，同样也用动物皮毛制作鞋子。

不管最早的鞋子是出于何种目的而诞生，经过几个世纪的发展，鞋子只形成了为数不多的几种款式。人们仍在争论究竟有多少种款式，但归根结底也只有七八种：凉鞋、莫卡辛鞋、宫廷鞋、系带鞋、僧侣鞋、长筒靴、横带鞋、木底鞋和穆勒鞋。

史前凉鞋

凉鞋一直被看作鞋子的最早款式，其历史可追溯至古代。已知最早的凉鞋款式相对简单，由随处可见的天然材料（叶子、缠绕在一起的藤蔓和编织在一起的棕榈叶）制成。由于这些材料的特性，最早的凉鞋极易穿破，但替换相对容易。经过长年累月的不断试验，凉鞋变得更为耐穿，可以穿相当长的一段时间。即便如此，制作凉鞋的纤维材料还是会很快腐烂和分解，这也是鲜有凉鞋能够保留至今的原因。

20 世纪 50 年代，在美国密苏里州中部阿诺德研究洞穴（Arnold Research Cave）发现了史前凉鞋，这一发现令世人震惊。凉鞋并不是在洞穴中发现的唯一一种鞋子，所有被发现的鞋子都有 800 至 8000 年不等的历史。其中最古老的凉鞋由纤维材料制成，制鞋材料包括当地类似丝兰的植物，这种植物能治疗响尾蛇的咬伤，由其制成的结实织物可以用来制作鞋面和鞋底。洞穴里特有的温度和湿度使得这些鞋子得以留存至今。

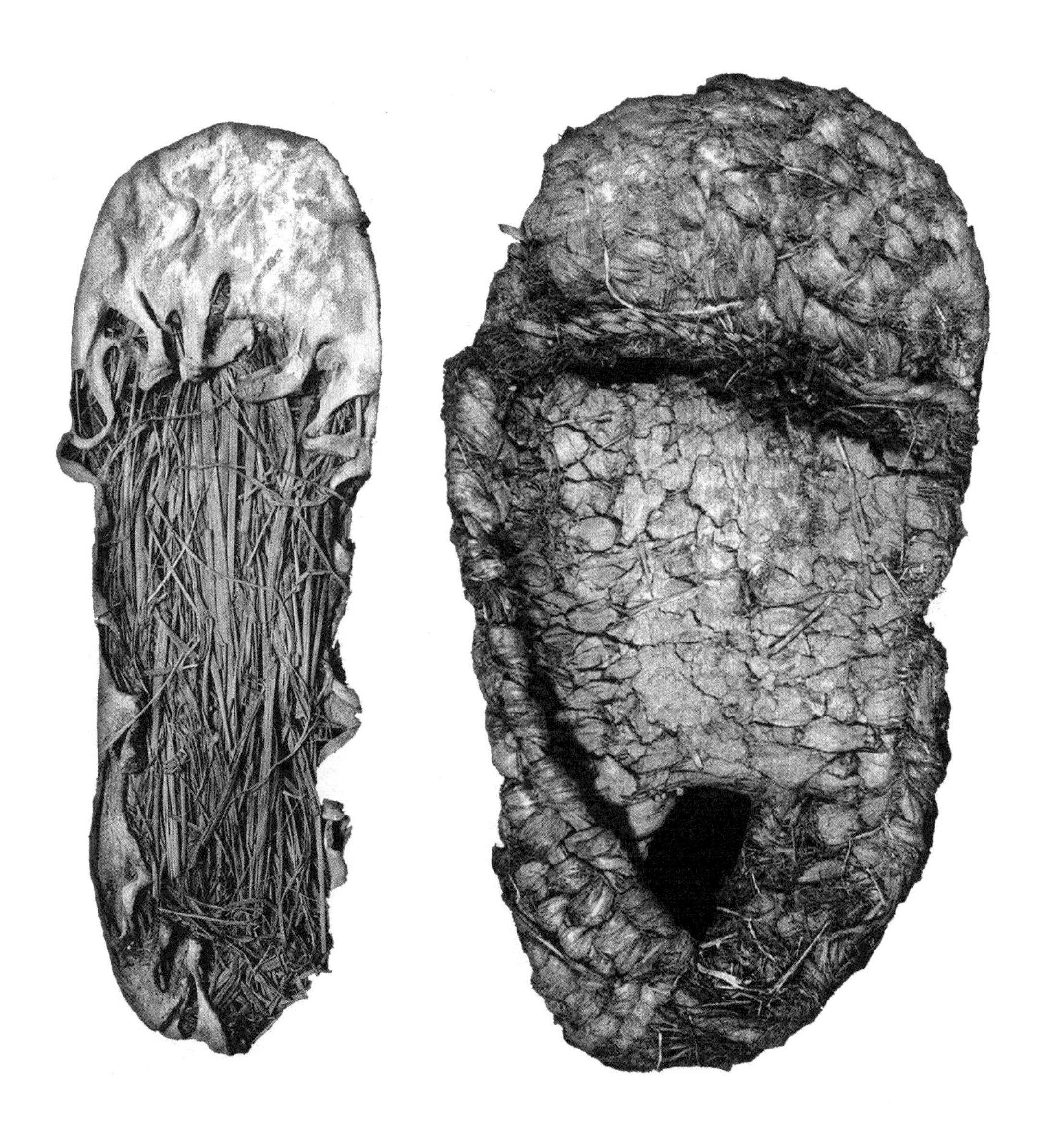

在密苏里州阿诺德研究洞穴发现的凉鞋，是由干树叶编成的细绳和织物制成的，有点类似草底鞋的制作方法。鞋子的平均长度为 26.5 厘米，相当于当今成年人的鞋子尺码。

最古老的鞋

2010 年，研究人员在亚美尼亚的一处洞穴中发现了一只鞋，这只鞋被证实来自公元前 3500 年。《国家地理》杂志刊登了一篇关于这只鞋的文章，写道 :“这只有 5500 年历史的鞋看上去类似莫卡辛软底鞋，鞋内填满干草，可能是出于保暖的考虑，也可能是鞋楦的雏形。多亏了厚厚的羊粪，这只鞋才得以保存完好。”

这只鞋貌似由整张牛皮制成，与阿伦群岛发现的生牛皮鞋非常相似。鞋子的前后缝合处都有绑带，还有皮绳可以将鞋子拉紧。稻草用来保暖，可能是早期袜子的雏形，也可能只是随手被放进鞋内，这仍是一个谜。

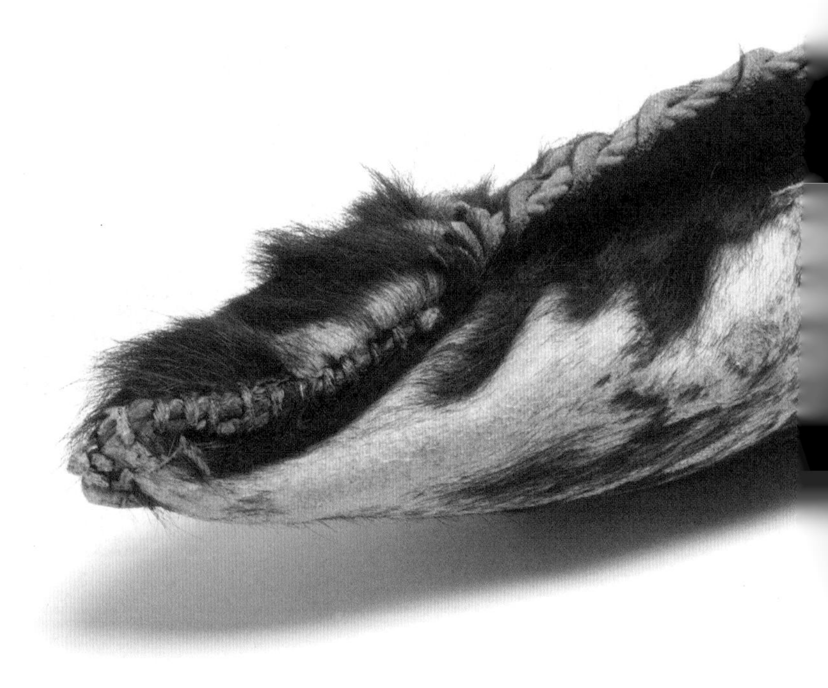

一双设得兰群岛熟牛皮鞋的复制品。这双制于 1968 年的复制品，仿制的是北欧青铜时代早期的鞋子。

制作方法

这只最古老的鞋的制作方法极其简单：穿鞋人将脚放在一整张湿皮子上，然后将皮子折起来裹住脚进行缝制。虽然都铎王朝的鞋因为鞋头太宽常被称作“足袋鞋”，但这只鞋才是名副其实的盛脚袋。亚美尼亚发现的这只鞋大约是 5 码（美码 7 码，欧码 38 码），以当今的标准判断，这只鞋的主人可能是一位女性，也可能是一位小个子男性，或者是一位年纪不大的男性。

生牛皮鞋

生牛皮鞋也被称作“里夫林鞋”，是已知最早的皮鞋之一。生牛皮鞋由带毛的生牛皮制成，是足袋鞋或欧洲莫卡辛鞋的雏形。每只生牛皮鞋都由一整块生牛皮制成，通常是用刚剥下的生牛皮裹住脚，然后用一截绳子把皮子缝在一起。制鞋的皮子通常取自动物的臀部，因为臀部的皮比较厚实。为了让带毛的那面贴合脚后跟，制鞋者通常也会对皮子进行裁剪，因为只有这样鞋子在穿鞋人行走时才能更跟脚。生牛皮鞋是 20 世纪初从爱尔兰西海岸的阿伦群岛流传下来的一种款式。

印第安人穿的鹿皮莫卡辛鞋，以及 19 世纪后期南澳大利亚原住民穿的兔皮莫卡辛鞋，都采用了类似的制作方法。

冰人奥茨之鞋

在亚美尼亚山洞里的鞋子于 2010 年被发现之前，在欧洲的奥茨塔尔阿尔卑斯山脉发现的皮制鞋被认为是世界上最古老的鞋。这只鞋是从一具保存完好的木乃伊身上找到的，这具木乃伊发现于奥地利与意大利的交界处，人们以其发现地将其命名为“冰人奥茨”（Ötzi）。据说，冰人奥茨生活于大约公元前 3300 年。如今，冰人奥茨连同他的衣物（包括上述那只鞋子）和随身物品都陈列于意大利的南蒂罗尔考古博物馆。

冰人奥茨的鞋子设计精巧，由鞋外和鞋内两部分构成。鞋子的外部由鹿皮制成，鞋子的内部铺有草网，可以固定干草以达到保暖效果。上述两部分都由皮带固定在椭圆形的熊皮鞋底上。鹿皮鞋面的鹿毛露在外面，脚踝周围的鞋口由草纤维系紧，一条皮带交叉绑在鞋底起到防滑作用。关于这只鞋的用途，英国考古学家杰奎·伍兹（Jacqui Woods）在最近的讨论中猜想它们是雪鞋的鞋面部分。在冰人奥茨的考古发掘过程中，工作人员发现了更多的物品，包括当时被认定为背包的物品。2005 年，杰奎·伍兹发表了题为《背包还是雪鞋？研究奥茨随身物品的新观点》的论文，阐述了她的后续研究成果。她指出：奥茨的“背包”实际上是组成雪鞋的木制框架和网状编织物。

彼得·赫拉瓦切克（Petr Hlavacek）教授是捷克托马斯巴塔大学（Tomas Bata University）的学者和制鞋技术专家，近年来仿制了5双冰人奥茨的鞋子。鞋子制作完成后，他和一名登山者在奥地利阿尔卑斯山进行了为期两天的徒步测试。他们发现：即使在那样寒冷的天气里，奥茨的鞋子也非常实用，性能令人满意。尽管鞋子本身不防水，但干草保温层在鞋子湿了的情况下仍能为足部保暖。研究冰人奥茨的鞋子时，赫拉瓦切克曾评论道：“（奥茨）这鞋的制作相当复杂，我相信5300年前人们已经拥有了专门制作鞋子的鞋匠。”

冰人奥茨其人

由于冰人奥茨及其衣物、鞋子、饰品和工具保存完好，我们得以一窥红铜时代[1]人们的生活。

冰人奥茨随身携带大量个人物品，所以他能长期离家远行。他一直自力更生，使用工具猎杀动物，修复破损工具，必要时制作新工具。

他的个人物品包括：一把铜刃斧头、一把匕首、一张弓、一个箭筒和一个背包。他身着山羊皮大衣，系着缠腰带，裹着山羊皮裹腿。这套裹腿可能是迄今发现的最古老的裹腿，能包裹大腿和小腿。裹腿顶部缝有绑带，将绑带系在腰带上裹腿便不会掉落。冰人奥茨戴着一顶熊皮帽，系着一根小牛皮腰带，背着一个袋子。袋子里装有刮刀、钻头和燧石片，利用这些工具能完成包括缝纫在内的各种工作。

冰人奥茨的铜斧揭示了他的社会地位，类似的物品在红铜时代是地位的象征，表明携带者是战士或领导阶层。虽然关于奥茨的社会角色很难给出一个确切的答案，但已有几种不同的猜测。根据猜测，奥茨可能是一名登山履行神职职责的萨满巫师，也可能是上山寻矿的探矿人，或者是猎人、牧羊人、游牧人。也有人认为他是为了躲避袭击而逃到了山上，因为他身上的伤口表明他可能在死前经历了一场战斗。

2005 年，彼得·赫拉瓦切克制作的冰人奥茨鞋的复制品。为了防止裹腿上移，冰人奥茨的山羊皮裹腿上的皮带一定被绑在鞋子上。

古人之鞋

有些鞋履文物能追溯到古埃及和古罗马时期。事实上，大量的鞋履文物都表明：当时存在诸多不同款式的鞋子，特别是在古罗马人中，而且人们穿什么鞋通常由社会地位决定。

古埃及

古埃及几乎所有阶级都穿凉鞋，凉鞋通常由随处可见的纸莎草编织而成。虽不常见，但也有用皮革做原料、用纸莎草绳缝制的凉鞋。古埃及凉鞋最早出现在纳尔迈调色板（Narmer Palette）上，该文物目前存放于开罗的埃及博物馆。纳尔迈调色板诞生于大约公元前31世纪，刻画了古埃及法老纳尔迈的形象，他身后的一个仆人手里提着他的凉鞋。

古罗马

无论非公民、公民、议员、牧师还是士兵，所有罗马人都必须穿着与自己身份相符的鞋子。罗马士兵们所穿的罗马凉鞋正是一个典型例子，罗马凉鞋只是当时鞋子的一种。公元1世纪罗马人抵达英国时，士兵们穿着军靴，它是露脚趾的款式，鞋面是整块皮革缝制的网格。军靴实用又结实，通风良好而且适合长距离行军；为了长时间穿着并具有良好的抓地力，军靴还被钉上了平头钉。时至今日，罗马“角斗士”凉鞋仍然影响

世界上首批被藏起来的鞋子？

2013 年，在卢克索的一座埃及神庙中发现了一个装有七只皮制鞋的罐子，七只鞋包括成对的三双和单独的一只。考古学家安吉洛·塞萨纳（Angelo Sesana）在 *Memnoniaw* 杂志上发表了一篇研究报告。根据他的报告，这个装鞋的罐子“被特意放在两堵泥砖墙之间的一个小角落里”。虽然这座神庙比罐中的鞋还古老 1000 多年，但人们认为这些鞋子大概是 2000 多年前的舶来品。至于它们究竟是不是世界上最早被藏起来的鞋子，讨论还在继续。

着鞋履设计，并频繁出现在时尚秀场上。

古罗马人也穿一种不露脚趾的鞋，即罗马鞋。罗马鞋全包脚趾，在脚踝上系带。罗马鞋的不同颜色表明穿鞋人的社会地位：黑色代表高级官员，紫色代表贵族。此外，皇帝和高级官员也穿主教鞋，它是一种露脚趾、前系带的靴子。

意大利塔尔奎尼亚“豹子墓”（Tomb of Leopard）出土的、约公元 5 世纪的伊特鲁里亚壁画，画中的音乐家们穿着凉鞋。

约公元 6 世纪，科普特妇女所穿的 Y 形皮带凉鞋。

约公元前 19 世纪，埃及人的右脚草编凉鞋。这种凉鞋有独特的尖头，尖头上有一个洞，一根鞋带可以通过这个洞从拇趾和二趾之间穿过。虽然现在鞋带已没了踪迹，但在鞋腰的边缘仍可见鞋带的痕迹，表明曾有鞋带横过鞋面。这种凉鞋没有鞋跟，是平底鞋。

公元 2 世纪制作的罗马皮鞋。鞋面上有透气的圆孔，鞋带是连环绑带，鞋底钉有鞋钉以防磨损。

鞋匠的守护神

克里斯宾（Crispin）和克里斯潘（Crispianus）兄弟俩一直被视为制革工人、鞋匠和皮匠的守护神，每年10月25日是纪念他们兄弟俩的传统节日。这一天曾是鞋匠们的节日，他们会关门歇业。伦敦的鞋匠们甚至会从教堂出发，举行游行活动。

上述传统起源于中世纪的欧洲，以及关于兄弟俩的两个截然不同的故事版本。在法国版本的故事中，兄弟俩出自公元287年的一个富裕的罗马家庭。他们皈依基督教后，学会了制鞋手艺并以此谋生。由于受到宗教迫害的威胁，他们逃到法国北部的古城苏瓦松。但二人后来被当局发现，惨遭逮捕和折磨。他们的脖子被绑上了磨石，然后被扔进河里，但二人并未被淹死。随后，兄弟俩先被扔进滚烫的铅水里，后又被扔进滚烫的热油中，但二人仍能幸存。最后，迫害者们不得不砍下他们的脑袋，并掩盖了他们殉道的事实。

在英国版本的故事中，兄弟俩是肯特女王的儿子。他们是基督教的拥护者，为了躲避迫害乔装逃到法弗舍姆。他们在那里拜一位名叫罗巴兹（Robards）的鞋匠为师，学习制鞋。一天，克里斯宾被派往坎特伯雷，去给罗马皇帝的女儿乌苏拉送鞋。两人俗套地坠入爱河，并秘密结婚。同时，克里斯潘成了罗马军队的一名士兵，受到了皇帝的嘉奖。听说兄弟俩是王子，皇帝首肯了克里斯宾与乌苏拉的婚事。兄弟俩死后被葬在法弗舍姆。

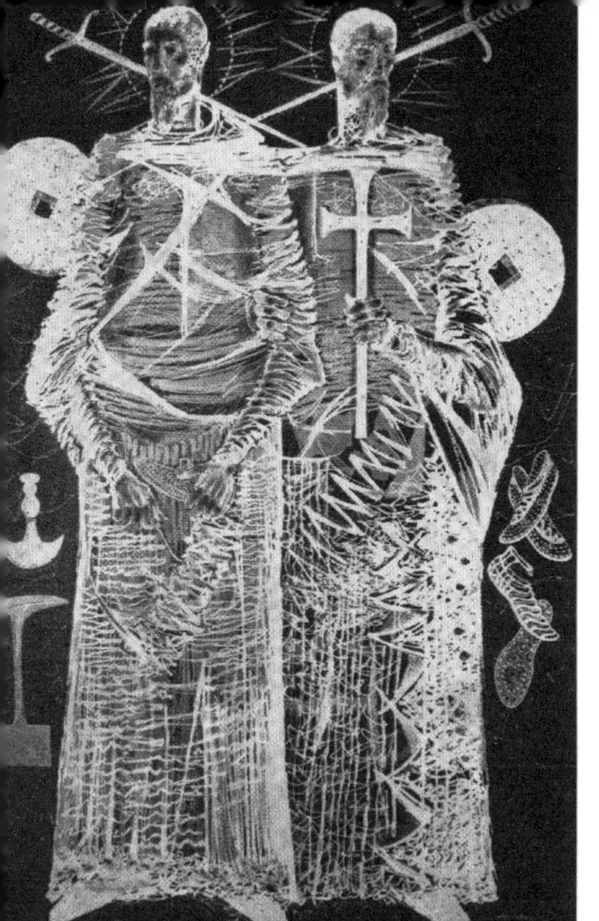

1962年，约翰·赫顿（John Hutton）设计制作的圣克里斯宾和圣克里斯潘的玻璃雕像。

阿金库尔战役[2]也发生在圣克里斯宾节当天（1415年10月25日）。威廉·莎士比亚在戏剧《亨利五世》（第4幕第3场）中也提到过这场战役：

今天是“克里斯宾节”，
凡是渡过今天这一关、安然无恙回到家乡的人，
每当提起这一天，都会肃然起立，
每当听到“克里斯宾”的名字，精神都会为之一振……

克里斯宾节，从今天直到世界末日，

1494年，阿尔特·范·登·博斯切（Aert van den Bossche）创作的《圣徒克里斯宾和克里斯潘的殉道》（*The Martyrdom of Saints Crispin and Crispianus*），目前藏于波兰的华沙国家博物馆。兄弟俩遭受了残忍的毒打，脚趾甲被拔除，惨遭剥皮后被推下悬崖，然后被活活烹死！如今，兄弟俩是鞋匠、鞋带制作者、马鞍匠、手套制作者和织工等工匠们的守护神。

永远不会悄然逝去，

在这个节日行动的我们也永远不会被人们忘记，

我们只有几个人，幸运的少数几人，我们是一支兄弟的队伍……

注释

[1] 红铜时代（Copper Age）又称铜石并用时代、金石并用时代，是介于新石器时代和青铜时代之间的过渡时期，以红铜（天然铜）的使用为标志。如无特别说明，本书注释均为译者所加，后文同。

[2] 阿金库尔战役（Battle of Agincourt）是英法百年战争中一场以少胜多的著名战役。

第二章

从中世纪到文艺复兴

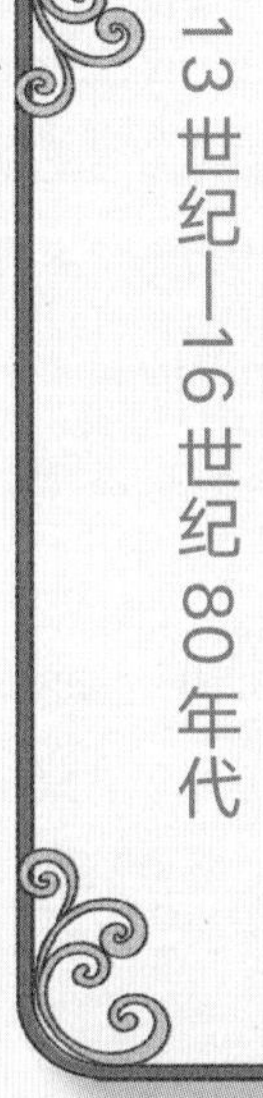

13世纪—16世纪80年代

走出黑暗时代的欧洲

公元 476 年，西罗马帝国灭亡，之后西欧陷入一段动荡岁月。匈奴人、哥特人和汪达尔人等民族席卷而来，试图建立新的王国。公元 800 年，查理曼大帝在中欧建立了神圣罗马帝国。公元 1066 年，诺曼人打败盎格鲁－撒克逊人，占领了英格兰。到公元 1200 年，十字军东征为西欧打开了通往东方的大门，建立了通往远东的贸易路线。

在第一个千年结束前后，绝大多数人还身陷封建农奴制度，农奴耕种地主所有的土地。公元 1100 年左右，农业开始蓬勃发展，包括铁匠、铜匠和木匠在内的许多新兴行业也应运而生。然而，欧洲的大多数财富仍掌握在极少数人手中。城镇的数量越来越多，起初只是在港口周边发展，随后逐渐遍及欧洲，城镇化吸引农村居民寻求更好的生活。英法百年战争（1337—1453）主导了这段时期的大部分时间，它是英国人和法国人为争夺法国王位而爆发的一系列冲突，最终法国取得了胜利。

事关社会地位

鞋子是地位的象征。当时几乎没有奢侈品，但用于制作衣物、窗帘、家具及家居装饰的纺织品昂贵得令人望而却步。一个人所穿的鞋子和家里所用的纺织品，能显示其财富、地位和权力。人们花大价钱购买这些物品，一有机会便拿出来展示。尽管当时的许多手稿表明最穷的人也有鞋穿，但只有有钱人才能买得起制作精致的鞋款。当然，有钱人购买的鞋子一定是全新的，绝不是简单修补或翻新的二手货。

鞋子的长宽高

中世纪保留至今的鞋子反映了欧洲当时的时尚潮流，比如细尖鞋头的波兰那鞋和宽鞋头的足袋鞋。这些鞋子还展现了昂贵鞋款上才有的镂空装饰、切割工艺和打孔技术。遗憾的是，在这些鞋子上用作装饰的，诸如丝绸、天鹅绒等材料早已消失不见，因为在适合的条件下，皮革比纺织品保存的时间更长。若结合同时代的文字和图片，我们仍能想象得到当时鞋子的款式是多么丰富。

除了高底鞋，其他鞋款都是平底鞋，而鞋子的系带方式分为鞋耳式系带、鞋扣、鞋带和小带扣。整个 14 世纪，主流鞋款是低帮鞋，踝靴在这段时期前后也较为流行。裹住腿部的长筒袜是这一时期的特征。长筒袜通常是由两片织物缝合而成，12 世纪中期的款式甚至带有皮制袜底，穿上看起来就像没有穿鞋一样。

工艺的发展

12 世纪中期发明的垫皮是制鞋方法的发展成果之一。垫皮是一条缝在鞋面和鞋底之间的窄皮，垫皮的使用提高了鞋子的防水性能。13 世纪早期，有形状的或有腰的鞋底出现了（足腰是足弓下较窄的足底部位），至此鞋子可以制成左、右两只。这样的创新也提高了鞋子的舒适度。

这一时期的大多数鞋子都是用山羊皮、小牛皮和鹿皮制成的，而兽皮是用植物染料鞣制的。装饰元素包括贴花、刺绣、镂空装饰和剪贴图案。伦敦威斯敏斯特教堂的爱德华三世雕像所穿的鞋子装饰得十分华丽，鞋子上布有由十字架隔开的树叶装饰图案，很可能是仿照刺绣的样式。

制鞋业的兴起

中世纪，制鞋行业已在欧洲发展完备。每个主要城镇至少有一名鞋匠，他们为付得起价钱的顾客制作高质量的定制鞋，为其他人提供各种标准尺码的成品鞋。

与当时的许多行业一样，为了保护共同利益并保持高水准的技艺水平，制鞋业相关的商人和工匠联合起来成立了行会。在英格兰成立的行会包括 1272 年在伦敦成立的羊皮鞋匠联合会。“羊皮鞋匠”（cordwainer）这个词是“科尔多瓦”（Cordoba）的变体；科尔多瓦是西班牙的一个小镇，以明矾鞣制的山羊皮而闻名，即科尔多瓦皮。这种软皮在整个中世纪都是制作鞋面的流行材料，而这种鞣制皮革的工艺为摩尔人所特有。

对于使用科尔多瓦皮制作新鞋的工匠来说，羊皮鞋匠一词成为他们的首选称谓，他们不愿被称作修鞋匠，因为传统上修鞋匠是与二手鞋打交道的。人们会找羊皮鞋匠修埋鞋子，而修鞋匠是购入旧鞋进行翻新，羊皮鞋匠和修鞋匠之间的分工十分明确。1409 年，一项法院裁决禁止修鞋匠在鞋底和鞋帮（鞋面两侧）上使用新皮革，但允许他们“在旧鞋底上面、前面或后面用新皮革粘补旧靴和旧鞋”。“粘补”是指出于修补目的用布料或皮革打补丁。

意大利的鞋匠们也成立了行会。其中，历史最久远的当属 1268 年在威尼斯成立的“鞋匠的艺术”。早在 1144 年，博洛尼亚就开设了第一所培训制鞋工人的学校。中世纪，意大利鞋匠们根据所制作鞋子的种类加入不同的团体。在威尼斯，制作鞋子和凉鞋的工匠，与制作或修理劣质鞋的工匠区别很大。加入这些团体的鞋匠们享有权利和特权。在欧洲其他国家，例如法国和西班牙，鞋匠们也联合起来成立行会来保护自己的利益。

又过了 500 年左右，鞋匠这一职业才在北美出现。根据美国制鞋大师兼历史学家艾尔·萨古托（Al Saguto）的说法，“第一批英国鞋匠 1610 年到达詹姆斯敦……娶了宝嘉康蒂 [1] 的约翰·罗尔夫（John Rolf）曾提到，制鞋和制革工艺直到 1616 年才在弗吉尼亚蓬勃发展”。萨古托还指出，不久之后，“第一批清教徒移民到达马萨诸塞殖民地。1629 年，第一批鞋匠跟随商队也来到了这里”。

翻鞋

中世纪初期，制鞋业最常见的制鞋工艺是“翻鞋”。鞋面在鞋楦上成型后，将反面翻出，与同样翻至反面的鞋底缝合，然后再整体翻回正面，因而鞋底的缝合线能藏在鞋内。翻鞋工艺并不适合大规模生产，所以最终被沿条鞋取代。沿条是一条狭窄的皮革，沿条鞋的鞋面和鞋内底都缝在沿条上，然后将沿条和鞋底缝合，鞋内看不到缝合线。如今，人们仍采用翻鞋工艺来制作便鞋和芭蕾舞鞋。

1650年左右，小戴维·特尼尔斯（David Teniers the Younger）创作的《鞋匠》，描绘了工作间里的一名鞋匠。制鞋是一种孤独的职业，因此鞋匠们常养鸟做伴，而且这一传统由来已久。在这幅画中，鞋匠坐在凳子上，旁边的工作台上摆放着他的工具。画中可以看到一些制鞋工具，包括鞋匠的刀和皮带。用鞋楦制作鞋面及进行缝合时，靴子或鞋子被皮带牢牢地固定在鞋匠腿上。鞋匠脚下的垫块让他的膝盖抬高到合适的高度，使工作更加方便。

在汉斯·萨克斯（Hans Sachs）所著《行业手册》(*The Book of Trades*，纽伦堡，1568 年）中，约斯特·安曼（Jost Amman）绘制了插图《鞋匠》(*The Shoemaker*)。插图中，坐在左边的人正在用双头线缝制沿条。他面前的工作台上摆着一些线和月牙刀。传统上有两种切割皮革的刀具：一种是半月刀，公元前 1450 年的埃及绘画和公元前 550 年左右的希腊雕刻中都有描绘；另一种是弯刃手刀，也被称为月牙刀，呈弓形，适合修剪皮革，是中世纪后期鞋匠的首选刀具。

鞋的长度

中世纪最独具一格、最耐人寻味的鞋款之一是波兰那鞋，也被称作尖头鞋或克拉科夫鞋。波兰那鞋是平底的无带低帮鞋，有时也采用侧带或鞋扣的系带方式。极为惹眼的尖鞋头是波兰那鞋的显著特征。在 11 世纪和 12 世纪的编年史《教会史》（*Histora Ecclesiastica*）中，奥德里克·维塔利斯（Oderic Vitalis）把波兰那鞋称作“蝎子的尾巴”。

人们认为波兰那鞋源自波兰的克拉科夫市，而克拉科夫市是欧洲当时最重要的文化中心之一。1340 年，波兰那鞋在波兰首次出现。直到 1475 年左右，波兰那鞋才在欧洲大部分地区流行开来。法国和英格兰很快接纳了这种款式，而 15 世纪末才成为商业中心的阿姆斯特丹，比较晚才接纳这种款式。到 1500 年，这种款式几乎已经不见踪迹了。

社会各阶层都穿波兰那鞋，受劳动阶级喜爱的波兰那鞋侧重实用性能，因而鞋头的设计相对较短，而富人们钟爱更夸张、鞋头更长的款式。鞋头可作为身份的象征，鞋头较长的鞋子还能彰显穿鞋人的阳刚之气。20 世纪 50 年代的尖头鞋，以及维维安·韦斯特伍德（Vivienne Westwood）于 1995 年设计的鞋子都凸显了阳刚之气。

波兰那鞋中鞋头最长的款式不但价格昂贵，而且制作难度很大，因为鞋头需要使用额外的皮革从鞋的一侧缝到另一侧。鞋头内常填充苔藓以增加鞋头的硬度，防止被踩扁。为了方便行走，鞋头被微微抬离地面，所以留存至今的波兰那鞋的鞋头上几乎看不到磨损。

有传言，为了更方便行走，穿鞋人会在鞋头和腰带或膝带之间绑一截绳子或链子。然而，包括 14 世纪末期的《赞颂史》（*Eulogium Historiarium*）和 1598 年约翰·斯托（John Stow）所撰写的史书在内的一些书面资料可能被误解了，因为并没有证据表明上述猜测是否属实。世界著名鞋履历史学家琼·斯万（June Swann）指出：“尽管 50 多年来，我一直在寻找资料来证实这一猜测，但我始终一无所获……可以肯定的是，

‘波兰那’这个词也指腿部护甲，1390 年左右的一份参考资料中提到‘护胫甲被拉到膝盖处……膝盖上打着金色的结’。”

反响与争议

波兰那鞋引发了社会各阶层的批评和嘲讽。1377 年左右，威廉·朗格兰（William Langland）在他的叙事诗《农夫皮尔斯》（*Piers Plowman*）中描述道：“虚荣的牧师和反基督教者都穿着尖头鞋。”

社会其他阶层的反响更为强烈，这种滑稽的长鞋头数次被立法限制。1368 年和 1464 年，英格兰两次通过禁奢法令，将鞋头限制在 5 厘米以内。1422 年，法国通过了类似的法令；1362 年和 1468 年，罗马教皇也颁布了类似的法令。这些法令限定了衣物的华丽程度，旨在遏制铺张浪费、保护财富和对社会不同阶层进行必要和恰当的界定。

这幅 14 世纪的油画目前存放于西班牙的曼雷萨大教堂（Manresa Cathedral），展示了圣马可的一个生活场景。鞋匠们坐在桌子旁，桌上摆放着侧系带的低帮尖头鞋。他们手中拿着的锥子是用来给皮革穿孔的，而皮革穿孔后才能缝线。

细长的鞋头并非西方世界独有。这些手工鞋的金色精致刺绣和上翘的鞋头，受到了莫卧儿帝国皇室的影响，而莫卧儿帝国皇室对印度的影响从 16 世纪持续到 18 世纪。这种上翘的鞋头能代表其主人的社会地位。

这只波兰那鞋可追溯到 1350—1400 年，在伦敦泰晤士河北岸（现维多利亚女王街）的贝纳德城堡（Baynard's Castle）进行的考古发掘中出土，是该地出土的大批鞋子之一。据说这些鞋子来自富裕家庭，因为它们几乎没有任何修补的痕迹。其中的一些鞋子可能出自皇家衣物置办处（Royal Wardrobe），该处恰好位于考古挖掘现场的北面。

鞋的高度

中世纪出现了一种与众不同的款式，即恨天高式的高底鞋。高底鞋源自套鞋，被改良后成了可以独立穿着的鞋款，高度甚至可达 45 厘米。虽然有人认为这种鞋款是最早的高跟鞋，但从制作工艺来看，它只是鞋底较厚的款式。

据说高底鞋起源于 15 世纪的威尼斯，威尼斯的高底鞋长期与妓女联系在一起。妓女们认为，穿上高底鞋能让她们吸引潜在客户的注意力，在竞争中脱颖而出。这种款式后来被威尼斯贵族接纳，并逐渐渗透到意大利各地以及西欧大部分地区。

尽管原因不尽相同，但实际上社会各阶层的女性都会穿高底鞋。妓女穿上高底鞋，不仅身材高挑了许多，走起路来也婀娜多姿。贵族女性穿上不方便走动的鞋子恰好表明了她们的社会地位——她们不仅买得起质量上乘、价格昂贵的鞋子，而且平日无须劳作，因而可以穿并不实用的鞋子。

加拿大多伦多巴塔鞋博物馆（Bata Shoe Museum）的策展人和鞋履历史学家伊丽莎白·赛弥尔哈克（Elizabeth Semmelhack）指出，高底鞋“可以让人们通过衣物展现其富裕程度，特别是通过选用的布料”。虽然这种鞋款也有高度适中的鞋底，但超高底的版本最受欢迎。皮革、锦缎、天鹅绒、剪贴画和镂空被用来装饰木质厚鞋底或重量轻的软木厚鞋底。软木厚鞋底在西班牙非常流行，以至于西班牙的软木几乎被耗尽。

“女士们模仿威尼斯和波斯的女性，穿上了高底鞋，真是矫揉造作。”

——约翰·布尔沃（John Bulwer）

《人类形态：人类变换或人为变形》

（*Anthropometamorphosis: Man Transformed or Artificial Changeling*）

第二版，1653 年

高底鞋实用吗？

高底鞋的灵感据说源自土耳其澡堂里的高耸木底鞋，女士们穿上木底鞋就不用踩在湿热的大理石地面上。虽然这种鞋子实用又防潮，但是女士们穿上这种镶有珍珠贝母的高耸鞋子走路不稳，也并不优雅。一些记录表明，女士们需要仆人的帮扶才可以四处走动，但法布里蒂奥・卡罗索

早在 1600 年，奥斯曼帝国的大户人家女子就穿上了高台鞋，也被称作“咔咔鞋”或“咵咵鞋”。图中的这双鞋由嵌有珍珠贝母的木头制成，其历史可追溯至 19 世纪末。

18世纪，让-艾蒂安·利奥塔尔（Jean-Etienne Liotard）创作了这幅《土耳其女人和她的仆人》（*Turkish Woman and Her Slave*）。这位画家热衷旅行，他用绘画记录所见到的人物和奇观。画中的土耳其女人穿着无带鞋踩在高台鞋上，而仆人光着脚踩在高台鞋上，脚趾上涂了指甲花染料。

（Fabritio Caroso）在 1600 年出版的舞蹈书籍《文艺复兴时期的宫廷舞》（书名原文为 *Nobiltà di Dame*）中写道，如果小心一点，女士们可以“优雅、得体、美丽地走动”。

高底鞋在西欧其他地区也颇受欢迎，但这种鞋子在威尼斯达到了令人狂热的流行程度。英格兰不接受这种款式，但 1553 年简·格雷（Jane Grey）在王宫露面时，穿了一双他人赠送的高底鞋。居住在意大利的热那亚商人巴普蒂斯特·斯皮诺拉（Baptist Spinola）爵士描述了当时的情景：“新女王踩着极高的高底鞋（木底鞋），长袍盖住了鞋子，但这鞋让她本来矮小的身材看起来高挑了许多。”

和波兰那鞋一样，高底鞋也受到了批评，尤其是来自教会的批评。早在 1438 年，西班牙的一位牧师就谴责了这种款式。

鞋的宽度

细长鞋头的波兰那鞋过时之后，足袋鞋开始流行起来。这种鞋之所以被称作足袋鞋，是因为穿鞋后像把脚装进袋子里一样。足袋鞋也被称作牛嘴鞋、犀鸟鞋、鸭嘴兽鞋或熊掌鞋。足袋鞋是平底鞋，形状与波兰那鞋的完全相反，鞋头宽大。足袋鞋既有简单的无带款式，也有横带的款式，或采用小带扣系带的款式。

1500 年，波兰那鞋几乎彻底消失，取而代之的是一种更宽大、更舒适的鞋款，这种鞋子受到了欧洲商人阶层的青睐。这一时期欧洲政治、思想和社会经历了巨变，富有且强大的资产阶级不断涌现，他们的影响力也不断增大，彼时的时尚自然也反映了这一情形。细长鞋头的波兰那鞋所体现的哥特式垂直线条被水平线条取代，而水平线条在英国国王亨利八世（1509—1547 年在位）方盒型的垫肩和宽鞋头上表现得尤为明显。这种着装突出了权力、财富和十足的存在感。

为了营造更加圆鼓的效果，足袋鞋的鞋头有时会填满稻草、羊毛或苔薛，像波兰那鞋的夸张鞋头那样引人注目。弗朗索瓦·拉伯雷（François Rabelais）在他的小说《巨人传》（*The Life of Gargantua and Pantagruel*）里提到过这种鞋款："它们是像脸盆一样圆的鞋子。"亨利八世在位期间，一些鞋底的宽度竟然达到了 17 厘米。正如针对波兰那鞋那样，各国也颁布了禁奢法令以遏制此类过度奢靡的款式。

鞋面装饰

工人阶级所穿的足袋鞋款式相对简单。伦敦出土的、都铎王朝时期的鞋子是由棕色皮革制成的平底鞋，但因年代久远变成了黑色。大多数的足袋鞋都是无带的款式，也有一些款式采用小带扣的系带方式。

社会阶层更高的人，可以买得起更精致的款式。亨利八世与法国国王弗朗西斯一世曾在时尚方面进行过竞争，当时二人的穿着打扮尤为注重衣物表面的装饰和细节。男式紧身上衣是当时时尚界的中流砥柱，而开缝装饰于 1514 年左右引入鞋子设计领域，并流行于德国和英格兰。皮革鞋面（鞋子的前端部分，能覆盖脚趾和部分脚背的部分）可能有一条水平的、垂直的或者交叉的切口，以露出鞋面下华丽的彩色丝绸内衬。鞋头形状各异，包括方鞋头、带角鞋头和锤状鞋头。顾名思义，锤状鞋头很像锤子的末端，因为鞋头两侧都有凸出物。女性的足袋鞋在款式上与男款相似，但没那么奢华。

制鞋新方法

15 世纪末，翻鞋的制作方法已逐渐被沿条鞋所取代。当时鞋面较短的鞋需要两片鞋帮材料在鞋跟后缝合一起。这些鞋帮材料被称为"四分之一"，因为鞋匠制作一双鞋要用到四片鞋帮材料。

这幅亨利八世的画像（1537—1562）展示了这位英国君主的独特站姿。画像整体呈现出宽大、方形的外观，是中世纪欧洲财富和地位的象征，亨利八世的鞋子宽度也呼应了这一风格。此画的原作者不得而知，但这幅作品取自怀特霍尔宫壁画，由汉斯·霍尔拜因（Hans Holbein）绘于 1537 年。

这只 16 世纪的足袋鞋是在伦敦考古发掘时发现的，其简单的设计表明这只鞋应该属于普通民众。

鞋码

早期鞋子的尺寸颇具神秘感。虽然在早期鞋子上发现了鞋匠所做的标记，但令人失望的是，似乎每种标记都自成一套体系。鞋匠对客户的鞋子尺寸严加保密，可以防止客户流失，鞋匠或许是用这种方式来保护自己的利益。

鞋码体系的统一

英国测量脚长的体系可以追溯到1324年。当时，英王爱德华二世颁布法令，将3粒大麦首尾相连构成的长度定为1英寸（2.5厘米）。凑巧的是，36粒大麦的长度正好是成年男性的平均脚长，所以12英寸（30厘米）被称作1英尺。

当时的最大脚长是39粒大麦的长度，即33厘米，所以这个长度的鞋码是13码。小于13码的鞋最初是以0.75厘米递减。然而，这个体系最终被证明太过粗糙，精确度不够高，所以引入了半码的鞋码。这种早期鞋码体系的出现意味着即使在14世纪，除了定制鞋也可以买到成品鞋。

1885年，英国已经确立了标准的鞋码，2年后，美国紧随其后。除了半码之外，鞋的不同宽度也确保人们不用支付定制鞋的价钱，就可以买到合脚的鞋。美国使用的鞋码体系与英国相似，但最小尺码不同。英国最

16 世纪，一幅名为《鞋匠》的英国木刻版画。图中的鞋匠正在工作，他在缝制一只被皮带紧紧固定在膝盖上的鞋子，固定鞋子的皮带被鞋匠踩在脚下。

小的鞋码是 0 码，但美国的对应尺码是 1 码，总体来说美国鞋码比英国对应的鞋码大 1.5 码。

拿破仑时代的法国广泛采用一种早期的鞋码体系，该体系将一个巴黎针脚（Parisian stitch）的长度作为基本单位，1 单位长度为 2/3 厘米。如今该体系被称为“巴黎单位”（Paris point），是整个欧洲大陆的通行标准。鞋码是用于制鞋的鞋楦的长度，用巴黎单位表示。因为 1 个巴黎单位是 2/3 厘米，所以鞋码的计算方法是：鞋楦的长度（以厘米为单位）乘以 2/3。

一幅题为《鞋匠试鞋》（*The Shoemaker Fitting a Shoe*）的版画，出自 1878 年保罗·拉克鲁瓦（Paul Lacroix）所著《中世纪和文艺复兴时期的科学与文学》（*Science and Literature in the Middle Ages and the Renaissance*）。

法国鲁昂大教堂的唱诗班座椅是信徒们捐赠的，座椅上雕刻着 96 幅描绘 15 世纪各种职业的画，这幅版画是其中一幅的复制品。

木套鞋：雨天用的高跷

中世纪的鞋子不可能具有很强的防水性能，穿着平底鞋的确很难在潮湿、泥泞或积雪的街道上行走。木套鞋是当时最实际的解决办法。

1216 年，英国首次提到了木套鞋的制作者。在约 1320—1340 年完成的《勒特雷尔圣诗集》（*Luttrell Psalter*）中提到过妇女穿着高台鞋。许多北欧国家的人也穿木套鞋。

木套鞋是木制的足型高底套鞋。有些款式从鞋头到鞋跟都是实心的木楔，其他款式只在鞋头和鞋跟有木制高台。不管哪种款式，木套鞋都将穿鞋人从地面抬高 5 厘米。罗威娜・盖尔（Rowena Gail）对伦敦出土的中世纪木套鞋进行了研究，发现常见的木材是桤木、柳木和白杨木。桤木能经受潮湿环境的考验，虽然不是最耐用的，但非常容易制作，所以桤木一直是英国木底鞋的首选木材。白杨木和柳木非常结实，不容易碎裂。欧洲大陆的木底鞋和木套鞋由密实的木材制成，例如胡桃木、悬铃木或榆木。木套鞋风格各异，高矮不同。木套鞋的形状一般效仿当时最流行的鞋款，比如波兰那鞋。

木套鞋的穿着体验

木套鞋的穿法是绑在普通鞋子上。因此，皮带会被钉在木套鞋上，最初皮带只横过脚背绑紧；14 世纪末，为了更加安全，鞋匠给木套鞋增加了绕过鞋后跟并绑紧的皮带。木套鞋通常由一整块实木制作，没有任何弹性，所以行走十分困难。后来带铰链的木套鞋出现了，专门用于解决行走不便的问题。

后人在留存至今的早期木套鞋上发现了装饰的痕迹，包括彩绘图案、缝线和浮雕图案。这说明为了在恶劣天气条件下保护他们的精致鞋子，上层阶级率先开始使用木套鞋。进入 15 世纪后，人人都使用木套鞋。有些套鞋是由几层厚厚的生牛皮缝合而成的。

右图是扬・凡・艾克（Jan Van Ecyk）于 1434 年创作的《阿尔诺芬尼夫妇像》（*The Arnolfini Portrait*），描绘了在佛兰德家中的意大利商人乔凡尼・迪・尼古拉・阿尔诺芬尼（Giovanni di Nicolao Arnolfini）和他的妻子。其中有好几件物品表明了画中人物的商人身份，尤其是前景中随意放置的一双木套鞋。这幅肖像画目前收藏于伦敦的英国国家美术馆。

伦敦博物馆收藏的两只木套鞋，鞋头均朝页面左侧。其中年代较早的那只（上图）可以追溯到 13 世纪初，鞋后部有铁钉牢牢地钉在铁架上，鞋前部还有一条加固绑带，绑在脚掌下方的雕刻楔子上。年代较晚的那只（下图）可以追溯到 18 世纪，经过雕刻后形状适合有跟的鞋。

中筒靴、骑士套靴和拖鞋

中世纪的欧洲，除了波兰那鞋、高底鞋和足袋鞋这些代表主流时尚的鞋款之外，还有许多重要的款式。

中筒靴

16世纪初出现了一种中筒靴，名字朗朗上口，主要流行于英格兰和西班牙。这种半长筒的靴子高及小腿或膝盖，主要有两种款式：一种是农民、劳工和劳动阶层所穿的仅及脚踝的短靴，靴子正面有一个V形的开口；另一种是长及小腿或膝盖的中筒靴，比较宽松，看上去像袜子。第二种款式由天鹅绒或柔软的皮革制成，内衬采用布料或毛皮，男女都能穿，还可以搭配骑马用的便鞋，此处的便鞋指一种软皮鞋。

骑士套靴

骑士套靴是固定在马鞍上的靴形套鞋，保护骑手腿脚免受寒冷、潮湿和泥泞之苦。骑士套靴长及膝盖，主要有两种款式。早期的骑士套靴鞋底很厚，靴筒部分宽大且硬挺，筒围之大足以让骑手的脚直接套进去。后期的骑士套靴在制作时被分成两半，就像一只靴子的左半部和右半部。制作时，使硬皮革在形似鞋楦的木头模具上按鞋子部位逐一成型。用这种方法制作的骑士套靴，靴筒部分的形状更好，而且分为两部分的套靴也更容易穿上，骑士只需将腿放入套靴，再用带子把套靴的两部分绑紧。

拖鞋

自这个时期起，“穆勒鞋”“拖鞋”“高底鞋”这三个术语可以互换使用，用来描述露脚后跟的鞋或在室外和室内都能穿的拖鞋。彼得·约翰逊（Peter Johnson）博士在他的辞典中将拖鞋描述成“一种脚后跟没有皮革、很容易上脚的鞋”。英国鞋匠约翰逊为女王伊丽莎白一世做了三双“鞋面镶着银色蕾丝的新款”拖鞋。他还做了“两双鞋面镶银色蕾丝、露脚趾的西班牙式皮拖鞋”。

高底鞋也可以被称作拖鞋，这种鞋

> **“靴子、中筒靴、罩鞋、骑士套靴、鞋、浅口鞋，拖鞋……每个制鞋工具都没闲着……”**
>
> **——弗朗索瓦·拉伯雷《巨人传》第3卷，第388页**

1842年，约瑟夫·斯特拉特（Joseph Strutt）在其所著《英格兰人民的着装与习惯》（*Dress and Habits of the People of England*）中展示了高筒靴、波兰那鞋和足袋鞋。这些鞋子及图内所描绘的其他衣物，在整个中世纪的欧洲都十分常见。

图为 1820—1829 年间制作的一双皮制骑士套靴中的一只。几乎没有留存至今的早期骑士套靴。这只骑士套靴展示了如何用一大块皮革制作并使一只套靴成型以包裹腿部和脚部。脚面两侧的凹槽用来将骑士套靴绑在马镫上，而马刺固定在骑士套靴的后部。

在西班牙叫 pantuflo，在意大利叫 pantofle，在英格兰叫 pantoble。《牛津英语词典》将拖鞋定义为“一种宽松的鞋。拖鞋早期指各种室内鞋，特别是高跟软木底的西班牙或意大利高底鞋；也可指户外穿的套鞋或防水鞋，后来指拖鞋、凉鞋或具有异域风情（特别是东方风情）的轻便鞋。从 15 世纪末到 17 世纪中叶，形似穆勒鞋的套鞋可以保护鞋子的前部，也被称作拖鞋”。

注释

[1] 宝嘉康蒂（Pocahontas）是印第安部落酋长的女儿，1595年左右出生在今美国弗吉尼亚州。

第三章 欧洲文艺复兴时期

16 世纪 90 年代—17 世纪 50 年代

文化转向

文艺复兴始于意大利，主要集中在佛罗伦萨；直至 15 世纪末，文艺复兴才传遍整个欧洲。在此期间，欧洲人对知识的渴望空前强烈，对古希腊和古罗马学者的著作也有了重新的认识。文艺复兴与不断涌现的技术和新科学发现息息相关，一起将西欧提升到一个新的文化高度。欧洲的精英阶层规模也不断扩大，其中包括刚出现的商人阶级，他们从贸易增长中不断获利。为了满足新兴资产阶级的需要，社会对美丽昂贵的绸缎、天鹅绒和珠宝的需求也不断增长。

欧洲潮流

1516 年，奥地利哈布斯堡王室的查理一世登上了西班牙王位，西班牙成为神圣罗马帝国的一部分。至此，神圣罗马帝国疆域辽阔，掌控了西欧的大部分地区。在发现美洲新大陆之后，神圣罗马帝国将美洲的部分地区也收入囊中。西班牙的实力不只在政治方面，在贸易方面也无人能出其右，因为它控制着意大利、荷兰和西班牙历史悠久的各大港口。西班牙王室和英格兰王室的联姻，包括亨利八世与阿拉贡的凯瑟琳的结合，以及他们的女儿玛丽·都铎与西班牙国王腓力二世的结合，也大大增强了西班牙的影响力。西班牙人和英格兰人都酷爱深色、沉闷和庄重的着装。当时黑色流行的原因有很多。首先，黑色的布料很难染制，因此除了最富有的人，其他人根本无力购买昂贵的黑色布料。其次，黑色为展示炫目的宝石和珍珠提供了最佳的背景色。英格兰人还效仿了西班牙人的披风和无袖皮坎肩等着装风格，而这种坎肩可与皮靴、皮手套和皮帽子配成一套。

时尚新高度

正是在文艺复兴时期，第一批有明显足弓形状的高跟鞋出现了。16

世纪末出现的高跟鞋，与上个世纪的高底鞋有很大区别。与高底鞋相比，高跟鞋的高度较为适中，只有 7.5 厘米，而且形状更加美观。鞋匠们给鞋子加上鞋跟时，遭遇了许多挑战，尤其是穿鞋人的体重有可能使鞋跟折断。但高跟鞋经久不衰，至少在接下来的 100 年里，它将引领男鞋和女鞋的时尚潮流。这一时期的另一发展是鞋耳式系带鞋，鞋匠们采用各种颜色艳丽的丝带、鞋带和玫瑰花来装饰他们的设计，富有的顾客们对此大为赞赏。

流行新风尚

这一时期，天鹅绒起初是非常流行的制鞋材料，但是到了 17 世纪中期，时尚趋势发生改变，皮制鞋更加引人注目。这一变化与英格兰 1642 年内战之后的紧张社会局势息息相关。

17 世纪上半叶的鞋款凸显了奢华的款式和艳丽的颜色，而 17 世纪下半叶的鞋款崇尚朴素的款式和颜色。两相比较，清教徒们更青睐后者，并将这种风尚带到了早期的新英格兰殖民地。1607 年，赴美洲的首批鞋匠抵达弗吉尼亚殖民地的詹姆斯敦，此地是英格兰人建立的第一个永久殖民地。这批鞋匠制作的鞋款遵循了英格兰的流行款式，鞋帮是否开口，是否皮制，是否系带，都取决于购鞋人的财力。

最早的高跟鞋

16 世纪的最后 25 年才出现了最早带有明显鞋跟的鞋子。这种款式很久之后才被大众接受，于 17 世纪的第一个 25 年才流行开来，鞋跟达到 7.5 厘米。

高跟鞋的确切起源尚未有定论，有人认为高跟鞋是由中世纪的高底鞋自然发展而来。经过改良的高跟鞋代替了几十年前的高底鞋和楔形鞋，因为高跟鞋实用轻便，毫不笨重。但加拿大多伦多巴塔鞋博物馆的资深策展人伊丽莎白·赛弥尔哈克认为，高跟鞋“既不是欧洲人的发明，也不是鞋的一种新形式。近东[1]男性穿高跟鞋已有几个世纪的历史，因为高跟鞋是骑士鞋的一种，可以在骑马时将脚固定在马镫上”。

外交官和贸易代表团可能从旅行中带回了有关高跟鞋的故事。16世纪出版的印刷品也可能影响了欧洲高跟鞋的发展进程，例如佛兰德画家彼得·科耶克·范·阿尔斯特（Pieter Coecke van Aelst）广为流传的作品《土耳其人的风俗与时尚》（*Customs and Fashions of the Turks*）。高底鞋是高跟鞋的灵感来源吗？赛弥尔哈克就“上流社会男性狂热追捧的高跟鞋”是否由“受人奚落的、女性化的高底鞋”演变而来，提出了一个有趣的观点。

伊丽莎白一世曾在两幅画像中穿着类似坡跟鞋的鞋子，其中一幅由威尔·罗杰斯（Will Rogers）于1593—1595年间创作，另一幅来自1599年的一名未知艺术家。画中的坡跟鞋看起来像拖鞋，实际上伊丽莎白一世有很多类似的鞋款。

不管高跟鞋的起源究竟是什么，最早与高跟鞋相关的书面资料出自服装历史学家珍妮特·阿诺德（Janet Arnold）撰写的《解密伊丽莎白的衣橱》（*Queen Elizabeth's Wardrobe Unlock'd*）。阿诺德依据1595年的一份清单记录了“一双有足弓形状的西班牙高跟皮鞋”，依据一份1598年的清单记录了几双“有足弓形状和高跟”的拖鞋。

直脚鞋

制作区分左右脚的高跟鞋时，鞋匠们在鞋跟上遇到了难题。平底鞋的鞋底制作过程相当简单，特别是在鞋腰部分的区别越来越分明的情况下，鞋匠只需沿着顾客的脚画

17 世纪末的女式丝缎鞋。为了防止鞋子掉落，一根丝带从鞋耳的孔中穿过后在鞋面系紧。

出脚底的轮廓。制作高跟鞋的两大难题是：制作带有鞋跟的镜像鞋楦和如何保证穿鞋时的平衡。为了解决这些问题，鞋匠们彻底放弃了鞋腰，把两只鞋做成一模一样的，他们将其称为“直脚鞋”。上脚后，直脚鞋会随着主人的脚型变成左右脚的不同形状。

当时，男士和女士都穿高跟鞋，鞋跟或是用实木雕刻而成，再包上皮革或纺织品，或是由多层小块皮革直接堆叠而成。鞋跟与鞋子相连的足弓形结构不太牢固，特别是女鞋。为了解决这一问题，鞋匠们用皮革覆盖整个鞋底和鞋跟正面，以防止鞋跟承受不住穿鞋人的体重而断裂。

鞋耳式系带鞋和穆勒鞋

1610 年，方头鞋登上欧洲时尚舞台。此后，方头鞋在整个 17 世纪成为欧洲鞋履时尚界的主角。方头鞋与男鞋紧密联系在一起，所以 18 世纪方头鞋不再流行时，不时髦的男子仍被称作“老方头”。

鞋耳式系带鞋

至此，时髦的鞋子变成鞋身更为狭长的尖头鞋，不过鞋头已不像之前那么尖，而且鞋底的厚度也增加了。这一时期，男士和女士都不再中意无带鞋，反而更喜欢长鞋舌的鞋耳式系带鞋。在经典的鞋耳式系带鞋上，由鞋帮延伸而来的两个小鞋耳在脚背交会，而鞋舌位于鞋耳下方。鞋带和丝带从鞋耳的孔中穿过后在脚背上系紧。

1603 年，詹姆斯一世在英格兰掌权后，这种款式开始发生变化，但

左图为 16 世纪左右，詹姆斯・D. 林顿爵士（Sir James D. Linton）所绘的《威尼斯商人》（*The Merchant of Venice*）。这位威尼斯商人头戴插着羽毛的帽子，身着白色貂皮衬里的长外套，脚穿条纹长袜，蹬着一双白色皮制高跟鞋，每只鞋上都饰有一朵精美的红玫瑰。

这双 1680 年左右的银蓝色锦缎鞋耳式系带鞋正是欧洲富裕阶层所穿的经典款式，其特点是法国路易鞋跟，跟高 6 厘米，鞋跟上还贴着锦缎。

仍十分流行。鞋匠们裁掉部分鞋帮，在鞋的两侧留出开口，而且开口越来越大。男鞋和女鞋颇为相似，好似现代的中性款。这一时期的鞋子颜色较浅，白色是最流行的正装颜色。

穆勒鞋

17 世纪，穆勒鞋在男士和女士中都颇为流行。穆勒鞋是有跟或无跟的、露脚后跟的鞋或拖鞋，有许多完美的穆勒鞋留存至今。穆勒鞋是室内穿着的鞋款，普遍磨损不多，因而许多穆勒鞋得以保存完好。这种款式后

毛球穆勒鞋

穆勒鞋在世界其他地区也十分流行。图中的毛球穆勒鞋来自巴基斯坦，那里的人们从 16 世纪早期开始穿这种鞋，这种鞋被当地人称作 tauranwari jutti。这双制作于 1970 年的鞋由皮革和羊毛制成，而这种款式源自巴基斯坦的信德省。这种鞋适合多沙的丘陵，鞋子前部的毛绒球起缓冲作用，鞋子后部较为狭窄，可以轻松倒出鞋里的沙子。

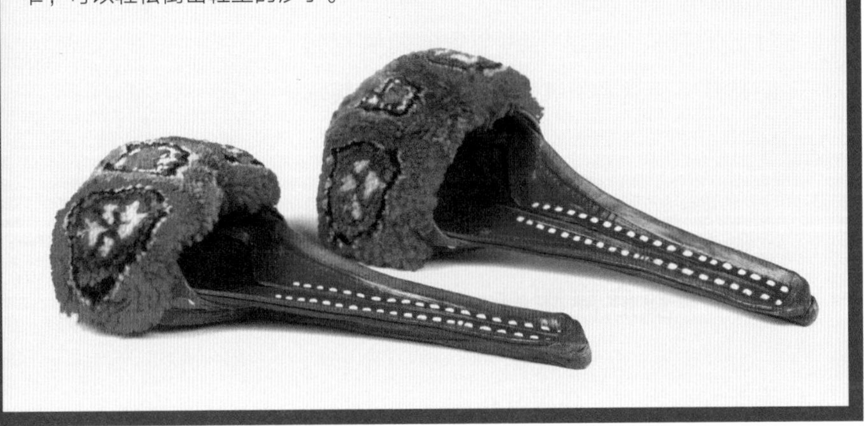

一双 1620—1630 年的男式穆勒鞋，原为淡蓝色，现已褪色。鸭嘴形的鞋头又长又方，鞋面饰有银色编带，鞋跟只有 3.5 厘米。

来在美国流行开来，穆勒鞋也被称作“拖鞋”。穆勒鞋是财富的象征，表明穿鞋人能买得起一双专门在室内穿的鞋。这种漂亮的鞋子非常昂贵，必然经不起户外使用。穆勒鞋的鞋跟通常是较低的贴面鞋跟，鞋上还饰有金属细线制成的刺绣。穆勒鞋的鞋头形状多种多样，叉形鞋头（一种方形鞋头，鞋头的两个角向两侧稍微拉长）便是其一，这种鞋头可比16世纪的版本更为精妙。

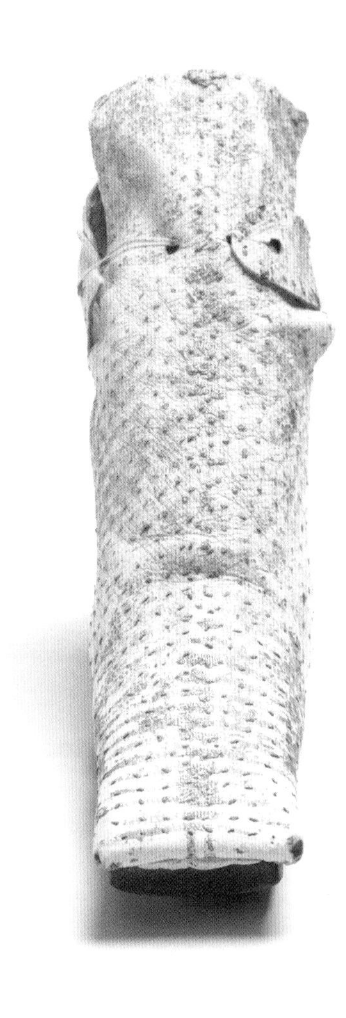

复底高跟鞋

尽管天气恶劣时，高跟鞋在潮湿泥泞的环境中并无优势，鞋跟的诞生还是使得中世纪的木套鞋变成多余之物。更糟的是，新采用的高鞋跟很容易陷入松软的泥土中。为了解决这一问题，有人把穆勒鞋套在高跟鞋上叠穿。

把穆勒鞋套在高跟鞋上能分散穿鞋人的体重，防止鞋跟下陷。在1624年的一幅名为《贵族》（*La Noblesse*）的版画中，法国人雅克·卡洛（Jacques Callot）描绘了一位如此穿高跟鞋的男士。虽然这样穿高跟鞋看起来还不错，但高跟鞋和穆勒鞋组合在一起却很难防止鞋子掉落。为了解决这个问题，鞋匠们把高跟鞋和穆勒鞋合二为一，制成了一种新款式，“复底高跟鞋”诞生了。迄今为止，研究者还未找到有关这种鞋子确切起源的参考资料，但据了解，意

1625年至17世纪40年代，一只白色女式皮制复底高跟鞋。这只鞋的鞋面较高，鞋耳式系带横过鞋舌，鞋头为鸭嘴状，贴面鞋跟高7.5厘米。皮制的复底延伸至鞋跟下，但并未与鞋跟固定在一起。这只鞋原配有窄丝绦编织成的带子装饰，鞋面上的缝线至今仍清晰可见。

大利和其他欧洲国家的人都曾穿过复底高跟鞋。

创新的构造

复底高跟鞋是在高跟鞋的基础上，增加了一层从鞋头到鞋跟的鞋底，但这层鞋底并未和鞋跟固定在一起。走路时复底后部会拍打鞋跟，发出“啪啪”的声音，因此复底高跟鞋在英文中被称作 slap soles。这种款式虽然能防止鞋子掉落，实际上却无法避免鞋跟下陷。此外，至于复底为什么没和鞋跟固定在一起，还未有定论。会不会只是因为穿鞋人喜欢随着“啪啪”的声音出现在人们面前呢？

复底高跟鞋最初为男士们所穿。17 世纪下半叶，复底高跟鞋被女士们当作时尚配饰，常于室内使用。现存的许多复底高跟鞋几乎没有户外使用的痕迹，有些鞋跟也已固定在复底上，以便在室内使用时降低噪声。这或许可以证明，引人注目的登场方式并未被所有人接纳。

鞋上玫瑰

在文艺复兴时期的肖像画中，欧洲最富有的人都穿着上好布料制成的华服。在任何一幅能看到足部的肖像画中，富人们脚上都穿着装饰精美的鞋子。1588 年，英格兰小册子作者菲利普·斯塔布斯（Philip Stubbs）在《陋习剖析》（*Anatomie of Abuses*）中评论道：鞋子都是“用丝线缝制的，还用金线和银线绣满了无数华而不实的装饰”。

即使是最简单的鞋款也配有撞色的丝带，丝带穿过鞋耳的小孔后在脚背上系紧。丝带的尺寸逐渐增大，自成特色，同时也出现了大蝴蝶结、玫瑰花结和带有珍珠坠的亮片装饰。宫廷中的丝带玫瑰在英格兰贵族中风靡一时，贵族们热衷于将丝带系成一个玫瑰花结，或者用丝带打一个硕大蓬松的花边结。正如 1614 年左右威廉·拉金（William Larkin）在肖像画《多萝西·凯里夫人》（*Lady Dorothy Cary*）中所描绘的那样，贵妇穿着白色的鞋耳式系带皮鞋，鞋两侧留有开口，鞋面上点缀着绿色花心的金色玫瑰花。

英格兰时尚

鞋上玫瑰和丝带装饰不仅在英格兰时尚中占主导地位，也常见于整个欧洲上流社会所穿的鞋子。在迭戈·委拉斯开兹（Diego Velázquez）1628年为唐·卡洛斯（Don Carlos）亲王所绘肖像画中，亲王穿着饰有小玫瑰的黑色皮鞋。类似的装饰也出现在1616年艾萨克·奥利弗（Isaac Oliver）为多塞特第三任伯爵理查德·萨克维尔（Richard Sackville）所绘制的袖珍肖像画中。画中的萨克维尔穿着两侧开口的精美鞋子，鞋面上嵌有硕大的金色玫瑰。这幅袖珍肖像画不仅突出了彼时鞋子的重要性，还显示了长筒袜的重要性。萨克维尔所穿的长筒袜设计得既复杂又华丽，在他的整体造型中极为出挑。此类装饰常用金属线镶边，价格十分昂贵。萨克维尔几乎将所有财产都花在置办衣物上，他将鞋上的装饰玫瑰花单独收纳并视其为衣橱中的特殊物品，尤其是用金色丝带制成的玫瑰花。

鞋子、长筒袜和男式紧身上衣分别采用不同装饰图案的情况在这一时期很常见，结果就会经常出现色彩、样式与炫耀性的财富表达的混搭。约翰·韦伯斯特（John Webster）1623年的悲喜剧《魔鬼诉讼案》（*The Devil's Lawcase*）中，有一句台词说道："夸张的玫瑰遮盖了你因痛风而肿大的脚踝。"本·琼森（Ben Johnson）的戏剧《恶魔是个混球》（*The Devil Is an Ass*，1616年首演）则宣告：鞋上的玫瑰花"大到能够遮住恶魔的标记"。

在令人惊叹的玫瑰花下，鞋边呈现锯齿状的设计，或者鞋面上有镂空设计。该时期留存至今的几双鞋上，用于固定装饰性玫瑰花的、成对的孔眼仍然清晰可见。

"59号物品是一对镶有金色和银色花边的玫瑰花，110号物品是一对镶有金边的绿色玫瑰花。"

——《尊敬的多塞特伯爵理查德先生的豪华服装清单》，1617年

1613年，威廉·拉金为多塞特第三任伯爵理查德·萨克维尔所绘制的肖像画。据说萨克维尔是个挥霍无度之徒，他会毫不犹豫，甚至不惜一掷千金地购置时髦且装饰性十足的服装与漂亮的鞋子。画中的他穿着一双饰有硕大玫瑰花的高跟鞋。

一双 1640—1659 年间的象牙白色缎面穆勒鞋，鞋面上饰有用彩色丝线、银线和亮片绣制的花型图案。这双穆勒鞋是直脚鞋，不分左右脚，两只鞋一模一样。方形的鞋头稍微悬空，贴面鞋跟 4.5 厘米。

鞋带简史

鞋带出现在鞋子上已有相当长的一段时间，罗马人穿过配有长至膝盖的皮制鞋带的鞋。但中世纪的鞋子上不需要如此长的鞋带，鞋带的长度只需能防止鞋子掉落即可。

17 世纪初，由于男士和女士都穿鞋耳式系带鞋，丝带开始在欧洲流行起来。这种系带方式仅限于富人，因为丝带不仅比皮革昂贵，还不如皮革耐用。包括宫廷大臣在内的最富有的人一般系丝制鞋带，富裕的地主和商人系亚麻鞋带，劳动阶层才系皮制鞋带。鞋带当时被称作鞋绳，有些鞋绳被系成同心结以象征爱情和友谊，而有些鞋绳隐藏在亮片和其他装饰的下面。诗人罗伯特·赫里克（Robert Herrick）在《无章的情趣》（*Delights in Disorder*）中写道：

狂风卷起的裙摆下，
一根鞋带，系得漫不经心，
我倒觉得潇洒又端庄。
这种无章的情趣更让我着迷，
远胜过处处精致的艺术品。

鞋带似乎还带有双重含义。《闲谈者》（*Tatler*）杂志的一位作者曾斥责伦敦的一位鞋匠，因为他竟然冒失地在鞋店的橱窗里展示了配有绿色鞋带的蓝色高跟鞋。

后续发展

17 世纪中叶之前，鞋带、鞋绳和丝带一直流行，直到 17 世纪 60 年代被带扣取代。18 世纪 90 年代，鞋带才重新出现在男鞋上。1823 年，托马斯·罗杰斯（Thomas Rogers）为金属鞋眼申请了专利；1865 年，他为鞋带钩扣申请了专利。19 世纪后期，编织鞋带出现了。大约从 1890—1915 年，时装鞋的鞋带宽度可达 2.5 厘米，通常由丝线制成，后来改用人造丝线，但更实用的鞋带是由棉线制成的。19 世纪初，鞋带两端的金属箍诞生了，金属箍的雏形是在鞋带两端封边的金属条状物。

今日鞋带

定制鞋带的时机已经成熟。如今，许多运动鞋大品牌商都用鞋带扣标牌来装饰运动鞋，标牌上有两个供鞋带穿过的孔眼。鞋带扣标牌通常穿在一根鞋带上，以确保标签上的图案或品牌名能被注意到。

穿鞋带时，有很多不同的鞋带系法可供选择，包括：上下系法、平直系法、绳梯系法和格子系法。至于究竟如何系鞋带，纯属个人喜好。

1680 年左右，《慕尼黑画册》（*Münchener Bilderbogen*）杂志中的一幅荷兰夫妇的肖像画，画中的这对中产阶级夫妇正在前往化装舞会的路上。画中的女士怀中抱着一只天鹅绒暖手筒，而男士穿着一双系有精致绿色丝带的鞋耳式系带鞋。

May 14, 1887. THE BOOT AND SHOE TRADES JOURNAL.

FAIRE BRO. & CO.,

LOWER SOUTHAMPTON STREET,

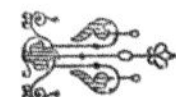

LEICESTER:

MANUFACTURERS OF

IMPROVED ELASTIC GUSSET WEBS, FOR BOOTS AND SHOES.

Boot Laces.

ALSO, THE CELEBRATED

Sir Garnet

Jumbo

Gordon

Stanley

AND

John Bull

Laces.

BRAND

ELEPHANT BRAND.

AND AT

30, FINSBURY PAVEMENT, LONDON, E.C.

Boot Webs

AND TAPES.

WOVEN ADDRESS LOOPS of a SUPERIOR CHARACTER.

LININGS.

NEW PATTERNS FOR COMING SEASON.

1887 年 5 月 14 日，《鞋靴贸易杂志》（*The Boot and Shoe Trade Journal*）上刊登了鞋带制造商费尔兄弟公司（Faire Bros & Co.）的一则广告。

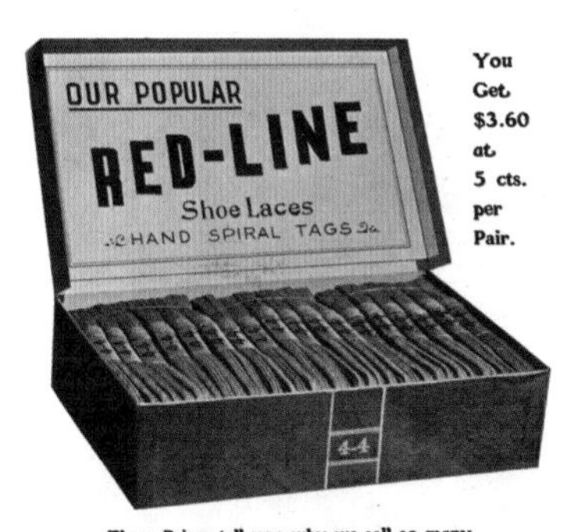

You Get $3.60 at 5 cts. per Pair.

These Prices tell you why we sell so many

RED LINE	WHITE LINE	BLUE LINE
4-4, $ .80 per gross	$1.00 per gross	$1.25 per gross
5-4, .90 " "	1.20 " "	1.50 " "
6-4, 1.00 " "	1.40 " "	1.75 " "

Manufacturers' Agents for all Kinds of Shoe Laces

Round Cord Laces, Cheap Oxford Laces,
Round Braid Laces, Cheap Himalaya Laces,
Flat Braid Laces, Fine Himalaya Laces,
Heavy Tubular Laces, Fine Silk Laces,
Light Tubular Laces, Porpoise and Imitation Porpoise Laces.

In all lengths and qualities

IN BLACK, TAN, BROWN, RED, WHITE, AND EVERY OTHER COLOR DESIRED

SEND FOR SAMPLES AND PRICES

"Near Silk"

Ribbon End Oxford Lace.

Wears better / Looks better / Sells better } Than all others

The 20th Century Novelty

Send for sample gross in single pairs.

Per gross

Wide, for ladies,

Extra wide, men's,

Double extra wide,

Silk Laces.

LARGEST ASSORTMENT. LOWEST PRICES

	x	xx	xxx	xxxx	xxxxx	xxxxxx
27 inch, for Oxfords, per gross,	$3.50	$4.50	$6.50	$7.50	$8.50	$10.80
30 " " " " "			7.50	8.50	9.50	12.00
54 " " Lace Boots, " "	5.50	6.50	9.50			
27 " " Fancy Colors, Red, Green, Blue, Tan, Lavender, Pink, White and Yellow,						4.50
27 " Tassel End, $9.00 Congdon Invisible Tip, 30 inch						14.00

Flat Imported Oxford Tie Laces

Each pair neatly banded.

Fancy 1 gross display boxes, 25 cents per gross less if in bulk.

"Jumbo,"	30 inch,	$3.00	B Medium,	3-4	$1.00
D Extra Wide,	3-4,	1.50	B "	6-4	1.50
A Wide,	3-4,	1.25	H "	3-4	.75
A "	30 inch,	1.50	H "	6-4	1.25

Congdon's Patent Invisible Tip

Men's Black Tubular,	4-4, $2.05	5-4, $2.25
Women's " "	6-4, 2.40	7-4, 2.65
Wide Flat Oxford,	3-4, 2.50,	30 in., 2.65
" " Boot,	6-4, 3.45	

Neverbreak

TRADE MARK REGISTERED.

Shoe Laces

Each Lace has a linen cord running through its entire length.

Per gross	Per gross
4-4, Men's, $1.75	6-4, Ladies', $2.15
5-4, " 2.10	

1900—1910 年，位于美国马萨诸塞州波士顿夏日街 134 号的爱德华 · P. 扬有限公司（Edward P. Young & Co.）的“春夏特卖品”广告产品目录页。这些广告展示了正在销售的各式鞋带，不仅颜色丰富，包括淡紫色、粉色和黄色，而且款式繁多，包括“海豚式”“喜马拉雅式”等不同款式。

约 1675—1700 年，一只绿色丝绸制成的女式鞋耳式系带鞋。鞋面用编织带装饰，鞋头细尖。

靴子的兴起

17 世纪中叶，欧洲的服装不再极尽奢华，而是更加精致，装饰性的元素也逐渐减少。当时正值 1642 年英国内战前夕，英格兰的男鞋一直受军事影响，于是靴子越来越受欢迎。靴子的流行趋势一直持续到 17 世纪 90 年代。

佛兰德艺术家安东尼·凡·戴克（Anthony van Dyck）的画作，是当代肖像画创作的重要参考来源。他为许多皇室成员画过肖像，特别是查理一世。在有些画像中，查理一世穿着长度及膝的皮靴，靴筒顶部向下翻折，鞋头不再细尖，鞋跟较低。这些靴子上可能还配有一块马刺护皮，它是缝在靴子正面的一块蝶形皮革，为了保护靴子的软皮而将马刺固定在马刺护皮上。查理一世统治时期，马刺护皮的面积越来越大。靴子通常配有加长的鞋底或橡胶套鞋，以防靴子陷入泥路。靴子很贵，查理一世在 1634—1635 年间定制了 20 双，每双价值 24 英镑。1632 年，菲利普·马辛格（Philip Massinger）在他的戏剧《城市夫人》（*The City Madam*）中，曾提到穷人穿的一双鞋，剧中写着“猪倌穿的一双鞋只需 16 便士”，查理一世的靴子比它贵 300 多倍。

欧洲靴子

欧洲各地的靴子均由柔软的皮革制成，靴筒自然堆叠从而产生腿部的皱褶效果。制作靴子的皮革十分柔软，便于靴筒顶部向下翻折，同时还能保证靴筒与腿部更贴合。这种靴子常为骑马的士兵所穿，因为查理一世的支持者被称作“骑士”，所以这种靴子也成了查理一世支持者的同义词。为了让靴筒顶部可以向下翻折两次，或者为了在靴筒顶部缝上杯型筒口或标志性的桶型筒口，一些靴子的靴筒远远超出了必要的长度。桶型筒口的靴子远比又软又皱的骑士靴结实耐穿，因为前者是由更厚的皮革制成的。在桶型筒口的靴子中，有些靴筒顶部几乎

安东尼·凡·戴克 1639 年所绘《托马斯·沃顿爵士肖像》(*Portrait of Sir Thomas Wharton*)。这幅画是凡·戴克在英格兰时所作，画中的英格兰政治家穿着带有马刺护皮的骑士靴。目前，该画收藏于圣彼得堡冬宫。

图为 17 世纪 30 至 40 年代的一双棕黑色男式牛皮靴。为了增强对比度，靴筒缝有深棕色的亮皮。这双靴子鞋头宽圆，叠层跟高 5 厘米。靴筒顶部内侧原本有便于靴子穿脱的皮制圆环。

翻折至地面。

靴子的颜色是深浅不一的棕色、黑色和灰色，制作的材料包括软牛皮和山羊皮。为了防止袜子被靴子粗糙的里层皮磨坏，或被靴子的油污或上过蜡的外层皮弄脏，靴筒内衬配有靴用袜。靴用袜的袜口通常饰有花边、刺绣或流苏。男士步行和骑马都穿靴子，而女士只有在骑马时才穿靴子。

注释

[1] 近东（Near East）是一个受欧洲中心论影响的地理术语，具体指距离西欧较近的国家和地区，大致包括西亚、土耳其和埃及等地。这种说法目前已不再使用。

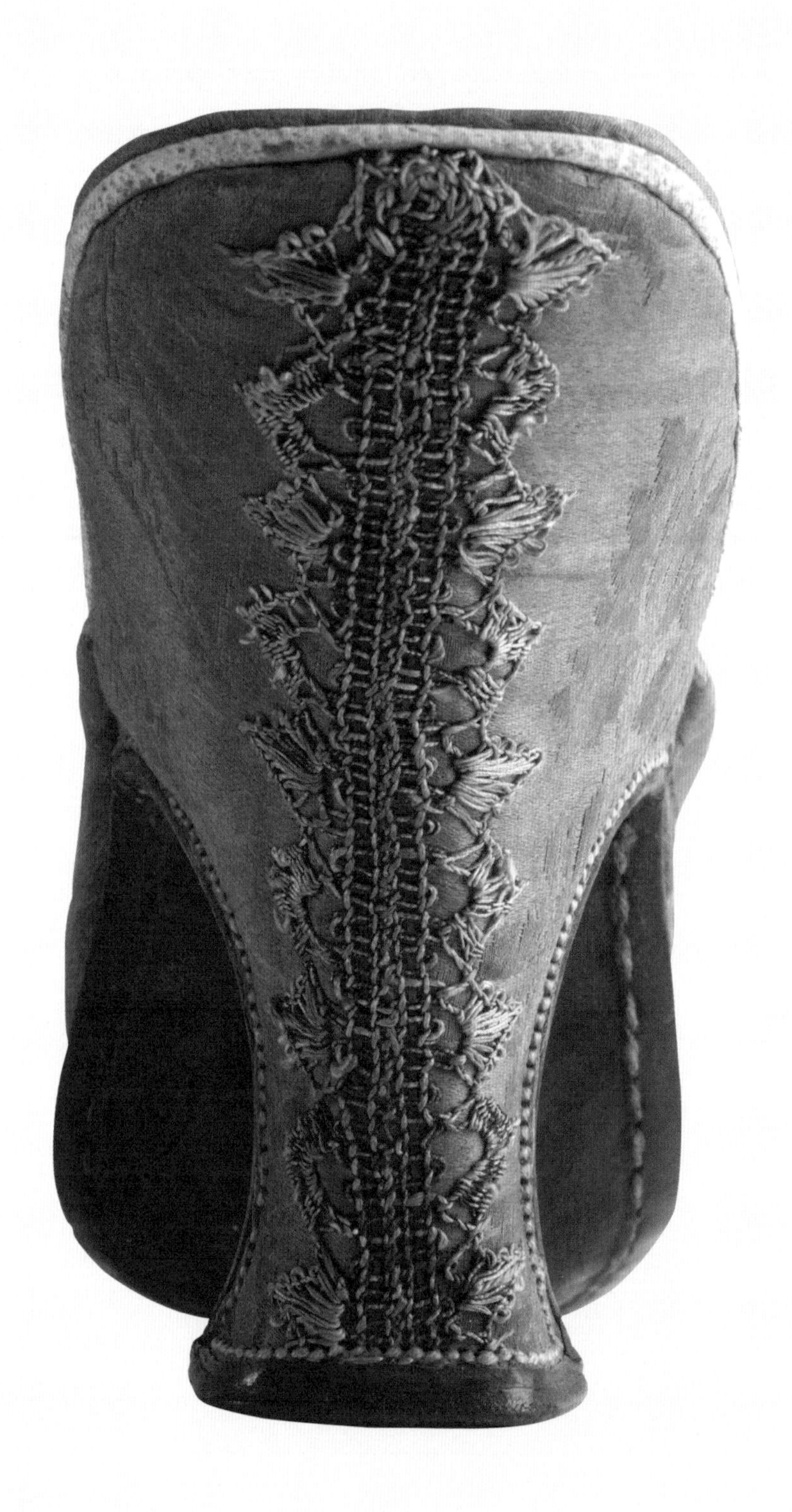

第四章 迈向理性时代

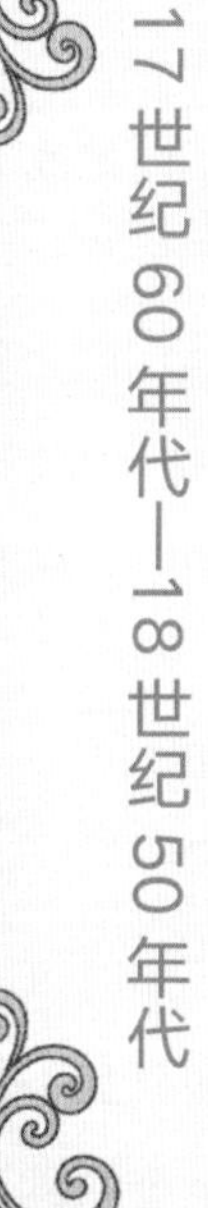

17世纪60年代—18世纪50年代

至高无上的法国

路易十四执政后，法国自 1661 年开始称霸欧洲。在长期相对稳定的统治下，法国不仅在政治上，而且在时尚和文化的方方面面都引领了西方潮流。在“太阳王”的统治下，法国实施了精明的经济政策，不仅促进了国内制造业的发展，同时还降低了对外国进口的依赖。因此，法国不仅成了欧洲最富有的国家，而且成了最强大的国家，拥有约 40 万人的武装力量。这一时期，欧洲其他国家盲目地追随法国的最新时尚和礼仪风尚，所以这是法国的黄金时代，是法国文化至高无上的时代。

英国内战（1642—1651）结束后，英格兰经历了一段政治和文化的动荡时期。查理二世重新掌权后，英格兰也进入了新的繁荣阶段。辞去 17 世纪迎来 18 世纪，随着贸易的不断增长，伦敦成为世界上最大的城市，也成为日益富裕的中产阶级的家园，所有人都迫不及待地想要见识一下法国贵族所穿的鞋子。

法式高根鞋

法国国王路易十四是品位高雅的时尚界权威人士，他个人开创了红色高跟鞋的潮流，留存至今的国王肖像也证实了这一点。带有清晰轮廓的足弓形状的高跟鞋始于 16 世纪的最后 25 年，鞋匠们找到完善和增强高跟鞋结构的新方法后，带有足弓形状的高跟鞋演变成各种不同的形式。高跟鞋的设计风格也变得更加大胆，尤其是女式高跟鞋。细腰高跟鞋达到这一潮流的顶点，鞋跟高度也达到了 10 厘米。后来人们将这种高跟鞋称作“法式高跟鞋”。

宫廷重臣马里尼侯爵（Marquis of Marigny）给红衣主教蒙塔尔托（Montalto）写了一封信，信中写道：“我穿着尖头高跟鞋，鞋跟底下还垫着一块垫片，只有这样我才足够高大，才配得上‘殿下’的称呼！”这一时期，鞋跟的高度十分重要，木制鞋跟已经成为“鞋跟匠”（鞋跟制作者）的专业产品。

法国人还偏爱风车帆般的大蝴蝶结，17 世纪中期他们开始钟爱带扣。带扣为鞋耳式鞋子带来了一种新的系带方式。带扣不但非常实用，而且装饰性很强，所以吸引了欧洲的贵族们；贵族华丽的外表也被解读成财富与地位的象征。

美国制鞋业的开端

同一时期，美国正处在殖民地建立期，殖民者与印第安原住民发生了各种冲突。1685 年，詹姆斯二世合并了新英格兰的殖民地，并在 1686 年完全控制了新英格兰。1670 年，哈德孙湾公司在加拿大成立。

1660 年，弗吉尼亚大议会通过立法来规范日益兴起的鞋业贸易。弗吉尼亚州 17 个郡的所有企业都被要求以郡为单位经营，“制革厂……要派出皮匠、制革工人和鞋匠，对该地区的兽皮进行鞣制，制成皮革和鞋子”。艾尔·萨古托注意到，英格兰于 1653—1658 年间向弗吉尼亚出口了 45600 多双鞋，在弗吉尼亚本地生产的鞋子和进口鞋子之间制造了竞争环境。

红色鞋跟

17 世纪 60 年代后，时髦高调的法国国王路易十四成为欧洲最具影响力的人。路易十四擅长营造法国宫廷的氛围，将阿谀奉承的贵族聚集在身边，将法国社会的影响力传遍了整个欧洲大陆乃至全世界。

路易十四多次引领时尚潮流，包括佩戴华丽的假发，采用红色的鞋跟和鞋底。假发和红色鞋跟不仅是路易十四的地位象征，还弥补了他的身高缺陷。路易十四个头不高，仅有 165 厘米。穿上当时非常流行的高跟鞋，再戴上高耸的假发，能营造出身材高大的错觉。路易鞋跟贴着红色的摩洛哥皮，或者被漆成红色，是整个造型中非常重要的一部分。路易十四所穿的高跟鞋上有时还绘有风景画、战斗场景图或低俗画像。路易十四的许多高跟鞋都是由法国皇家鞋匠尼古拉斯·莱塔热（Nicholas Lestage）制作的。

身份的终极象征

红色象征着财富，对路易十四来说，红色还象征着国王的神圣权力。红色不仅可以让穿鞋人与众不同，还能让旁人注意到他的崇高地位。路易十四率先穿上这种款式，随后逐渐普及至法国宫廷、社会各阶层，最终流传到英格兰，其男鞋和女鞋都配有红色高跟。

红色鞋跟象征着见多识广和精明干练，当今的克里斯提·鲁布托红底鞋呼应了这种款式。

如今我们所说的路易鞋跟也得名于路易十四。当时的红色鞋跟由实木制成，鞋跟背面笔直，底部向外微扩。但在现代款式的设计中，鞋跟背部呈凹型曲线。路易鞋跟的更高版本被称作“蓬帕杜高跟”。

红色

红色一直是富含深意、权贵气息浓郁的颜色，部分是因为获得红色染料所需的费用很高。在不同的时代和不同的文化中，红色一直被用来传达意义鲜明的信息。例如，穿红鞋是罗马元老院元老的特权，后来也是皇帝的特权。自 13 世纪以来，罗马教皇也开始穿红色鞋子。当代的例子包括《绿野仙踪》（*The Wizard of Oz*）中多萝西的红宝石鞋，以及英国电影《红菱艳》（*The Red Shoes*）中女主角佩姬的红色芭蕾舞鞋，而正是这双恶魔般的红色舞鞋导致了女主角的惨死。

天然胭脂红染料取自胭脂虫，而胭脂红染料源于南美洲，自 15 世纪开始使用，曾一度是南美洲仅次于白银的第二大出口商品。这种染料出口到西班牙并传遍欧洲，用来给富人的衣服染色。

《路易十四肖像》(*Portrait of King Louis XIV of France*)，绘制于 1701 年，作者是亚森特 · 里戈 (Hyacinthe Rigaud)，目前收藏于法国巴黎的卢浮宫。路易十四从 20 岁出头开始穿红色高跟鞋，一直穿到 63 岁。

一双 1670—1689 年间的绿色女式天鹅绒穆勒鞋，鞋面饰有银线刺绣。绿色天鹅绒鞋面配有粉色绸缎衬里，鞋内底由白色小山羊皮制成，鞋头并不十分尖细。鞋面上的刺绣由银线编织的宽带制成，刺绣图案明显受到了印度的影响。这双鞋的路易鞋跟高达 7.5 厘米，鞋跟贴有红色的摩洛哥皮。

初期带扣

1660 年之后，时尚界最重要的大事件当属极具装饰性的带扣的诞生。此前，鞋子上的带扣普遍比较小巧、简单和实用；此后，带扣的款式彻底超越了它们的实际用途。在简单的黑色鞋耳式系带皮鞋上，男士们会配上金带扣、银带扣、红铜带扣或黄铜带扣，采用什么材质的带扣当然取决于穿鞋人的社会地位。

1661 年，约翰·迈克尔·赖特（John Michael Wright）为英国国王查理二世绘制了一副肖像，画像中的查理二世身着加冕礼袍，如今这幅画像属于英国女王伊丽莎白二世的私人藏品。查理二世常穿在正式场合和宫廷服饰中非常流行的白色皮鞋，这种皮鞋配有法式红色高跟和红色鞋底，长鞋舌的鞋耳上装有带扣。查理二世走在时尚前沿，但配有带扣的鞋子普及到各阶层经历了较长的时间。

女士们接纳带扣的时间较晚，大概是因为长裙会遮住鞋上的带扣，而且它容易被裙摆勾住。虽然女士们最初更中意丝带，但 1789 年法国大革命时带扣成了盛行的款式。

鞋耳式系带款式

大多数情况下，带扣并不是被固定在鞋面上，而是被固定在鞋耳上。带扣的早期版本安有金属钉，可以将带扣固定在一只鞋耳上的孔内，而另一只鞋耳则留出足够的长度来系紧鞋子。为了方便安装带扣，鞋耳的长度被延长，长到能在鞋面相交，同时鞋耳也变得更宽。18 世纪的头 25 年里，鞋子的设计发生了变化，鞋子更加结实厚重，而带扣也越来越大。这种鞋子的鞋耳较宽，每一只鞋耳又被分成两片，一片用于固定带扣，另一片用来系紧鞋子。

带扣的设计

最初的带扣多为椭圆形和长方形，由金属制成，小巧实用，有时还饰有人造宝石。后来带扣逐渐变得越来越大，大多数带扣还在铸造、雕刻过程中被加入装饰性的元素。饰有切割玻璃和人造宝石的带扣，成了女士们必备的配饰，她们在换鞋时会把带扣也换过去。正因如此，很少有鞋子还保留着原装的带扣。

18 世纪 80 年代的银制女式带扣，宽 7.5 厘米，带扣上的金制凹槽内镶嵌着切割玻璃。

18 世纪镶有切割玻璃的银制女式带扣，它能反射光线，银光闪闪。

丝带蝴蝶结

同时期的另一种时尚是宽丝带蝴蝶结，这种蝴蝶结常见于肖像画中路易十四和其王室成员所穿的鞋子上。1660 年，路易十四穿过一双配有带扣的鞋耳式系带鞋，这双鞋的红色鞋跟很高，还饰有宽 40 厘米的蝴蝶结。

带扣和大蝴蝶结一般是固定或系在加长鞋舌上的。有些男鞋的鞋舌很长，甚至可以折放在鞋面上。超长的鞋舌可以为鞋子增加更多的颜色和装饰，所以这些鞋舌的底面会被加固并衬以彩色丝绸，或被裁成具有装饰性的形状。

1750 年左右，配有带扣的绿色女式绸缎鞋耳式系带鞋。这双鞋的尖鞋头向上翘起，带贴面的路易鞋跟高 6 厘米。

女式高跟鞋

此时，女鞋与男鞋并无太大的款式区别，但从 17 世纪 60 年代开始，女鞋和男鞋的区别越来越明显。男士们经常外出，所以男鞋更实用，既适合室内使用，也适合室外使用，而女士们待在家里的时间更长。

这一时期，女鞋的款式在很多方面都没有变化，通常都是高度适中的粗鞋跟、尖鞋头或船头形鞋头。17 世纪 60—80 年代，最流行的款式是鞋头又长又方、两侧无开口的鞋耳式系带鞋。这种鞋子的鞋跟由木头雕刻而成，鞋跟上还贴着皮革或某种织物。女鞋款式的变化包括鞋头更钝、鞋跟更低，而更为女性化的尖鞋头是从 17 世纪 70 年代之后才发展起来的。

这一时期，白色小山羊皮制成的垫皮是女鞋独有的特色，垫皮是指夹在鞋底和鞋面之间的一块窄皮。垫皮不仅是鞋子上的一个时髦细节，而且让制鞋更容易，因为鞋匠们发现：与把鞋面直接缝合到鞋底上相比，把金贵纺织品制成的鞋面缝在柔软的垫皮上更容易。

整体来看，法国的鞋子款式比欧洲其他国家的款式更为优雅，相比之下英国的同类鞋子则略显粗笨。

装饰特色

就装饰而言，女鞋比男鞋要更胜一筹。从 17 世纪 60 年代开始，各种各样的丝绸、锦缎、贴花饰带和天鹅绒开始流行起来。英格兰最为时髦的装饰是由金线和银线编织而成的金银丝饰带，据说是受查理二世的葡萄牙王后布拉甘萨的凯瑟琳（Catherine of Braganza）的影响。为了遮挡缝合线，鞋匠们在鞋舌和鞋面的前部使用金银丝饰带。这种装饰在英格兰太过流行，葡萄牙当局害怕库存被售空，被迫于 1711 年禁止在欧洲大陆出口金银丝饰带。

鞋子极少与裙子配套，是欧洲时尚中的一个普遍现象。如果追求鞋子与裙子配套，多数情况下不但十分复杂，而且成本很高。当时流行长裙，长裙会盖住鞋子，特别是从远处看时。相似的颜色和相似的纺织品图案一直都是女式服装的一大特色，但对比鲜明的服装也并不少见。

低舒适度

这段时期的女士们一定已经意识到，不论时间长短，她们的鞋子都不适合走路。鞋跟位于足弓下方、位置太过靠前，鞋跟倾斜的角度过大，都是当时常见的情况。无论是哪一种情况，穿上高跟鞋的女士们容易往后仰倒。此外，穿高跟鞋迫使女士们用脚掌着地，这样必然导致不适。人们还担心狭窄的鞋腰会因承受不了穿鞋人的体重而断裂。许多鞋的鞋底薄、鞋口浅，如果在室外穿，几乎无法在多石或粗糙的地面保护双脚。

17 世纪中期的一位英国男士和两位女士，由詹姆斯·佩勒·马尔科姆（James Peller Malcolm）根据他的著作《伦敦风土人情轶事》（*Anecdotes of the Manners and Customs of London*）创作而成。

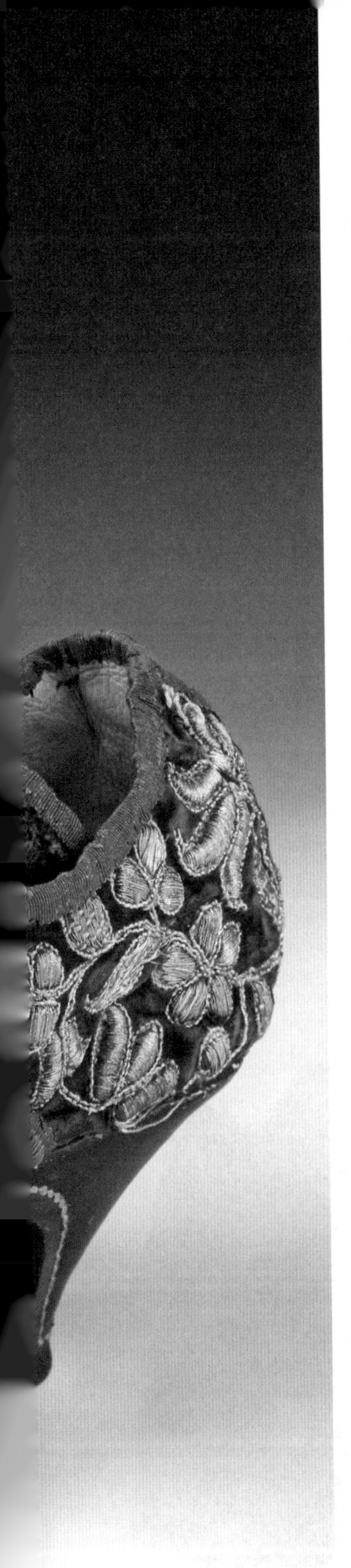

女士们本应穿着这样的鞋子参加聚会、舞会，去做水疗或走访名胜，从而有机会向众人展示自己的时尚感和财富。然而，女鞋的构造实际上只适合在室内穿，因为室内椅子可方便女士们坐下休息。

穹顶状鞋头

17 世纪末，饰有带扣的黑色鞋耳式系带鞋是男士们的标配。带扣的类型不仅能表明穿鞋人的财富和地位，还能彰显场合的重要性。上流社会采用贵重金属和宝石制作带扣，而不太富裕的人则使用钢、黄铜和铜锌合金。

黑色鞋耳式系带鞋看起来十分普通，但能将脚踝突出出来，特别是在与浅色长袜搭配时。男士拥有优雅的脚踝在当时会倍受赞誉。皮质较薄的鞋子专门留在宫廷或正式场合穿，而马裤上的带扣与鞋子上的带扣会搭配使用。

17 世纪初期，流行鞋款的鞋头又宽又方，还向上隆起呈穹顶状。1714 年左右，英国国王乔治一世身穿加冕礼袍的一张肖像画中展现了这种款式。为了中和扎眼的鞋头形状，这种款式的鞋跟很高而且呈喇叭形，这种款式后来被钝头鞋所取代。

左图为 1660 年左右，一双蓝色女式丝绒鞋耳式系带鞋。鞋头是较窄的方形，鞋面上饰有镀银线绣制的立体花卉图案，鞋口边缘用蓝色丝绸镶边。这双鞋用白色小山羊皮做衬里和垫皮，还配有贴面的路易鞋跟。

靴子的回归

由于靴子与武装冲突之间联系紧密，英国内战后靴子不再流行。17 世纪 90 年代，靴子才重返时尚界。长筒军靴逐渐取代了软皱的骑士靴。长筒军靴可能源自荷兰，由更厚、更硬的皮革制成，因而更加结实，通常用蜡抛光。长筒军靴的靴筒高及大腿，以保护穿靴人免受恶劣天气之苦，降低战斗中受伤的概率。在 18 世纪初期的长筒军靴中，也有一些是穹顶状宽鞋头。

男式穆勒鞋

在此期间，男鞋变得更适合户外使用。虽然在室内可以穿鞋，但不适合穿靴子，所以男士们在室内常穿没有后跟的鞋子，即被称作穆勒鞋的款式。男式穆勒鞋五颜六色，制鞋材料也品种繁多，鞋上还配有精美装饰。

1714 年至 18 世纪 20 年代之间，一只深褐色男式无带皮鞋，可能是法国制造的。这只鞋的鞋头宽大而且呈穹顶状，中空的鞋跟较高，鞋跟底部呈喇叭状并钉有一块皮革。鞋舌上仍残留粉色丝质内衬的痕迹，将鞋舌向脚背翻折，便呈现丘比特弓的形状。未配带扣的男鞋在当时相当少见。

1710 年左右，一双男式丝缎穆勒鞋，可能是法国制造的。这双鞋的鞋头又宽又方，而且呈穹顶状。制作材料是古怪丝绸（bizarre silk，有图案的丝织品），鞋面上能看到讨喜的粉色、米黄色和绿色，整体的色彩搭配略显怪异。鞋面的前部原有一条银色编织带。带贴面的鞋跟有一定高度，呈喇叭形。这双鞋是不分左右脚的直脚鞋，是在室内穿的款式。

骑师靴

17 世纪 90 年代以后，靴子重新获得了人们的青睐。针对骑马、狩猎、旅行和军事行动等不同活动，出现了许多不同款式的靴子。英格兰对赛马的狂热见证了轻便骑师靴的诞生，最早的骑师靴出现于 18 世纪 20 年代。骑师靴的靴筒在膝盖以下，靴筒顶部由柔软的皮革制成，靴筒顶部向下翻折后形成一个棕色或浅色的外翻边，靴筒内还配有方便穿上靴子的皮环。

骑师靴在当时的年轻人中非常流行，而在公共场合出现的年轻男士通常是赛马骑师、侍从或马夫。1739 年，《世界观众》（*The Universal Spectator*）杂志曾指出："做赛马骑师的年轻人，很少有不穿靴子的时候。"《着装的完整艺术》（*The Whole Art of Dress*）中有一条评论说道："我不知道是怎么回事……但在伦敦，我们容易把一些低俗的东西与它们的外表联系起来。"

骑师靴在英国可能是唯一几乎全民都穿的鞋款。虽然骑师靴在国外不如在英国受欢迎，但法国和美国的男士们也穿这种靴子。国外的

马靴

由厚皮制成的马靴是一种体积较大、具有保护功能的骑师靴。邮差和赶车的骑手都穿马靴，它像篮子一样挂在马背两侧。马靴尺寸较大，任何尺码的脚都能穿。穿马靴时通常不用另穿鞋，不过后来人们还是在马靴里穿上轻便的无带皮鞋。一辆四轮马车通常由两匹马或一队马牵拉，而赶车的骑手一般会骑马队中的领头马。骑手的工作十分重要，特别是在没有车夫的情况下。为了准时赶到目的地，骑手常常风雨兼程，马靴能让骑手免受恶劣天气之苦并保护骑手不受伤。从 17 世纪中叶到 1830 年左右，马靴在英国十分常见。路况改善后，马靴不再是骑手的必要装备。但在欧洲的部分地区，马靴的流行时间要更久一点。

1911 年，采用波尔多小牛皮制成的黑色男式赛马骑师靴，可能是纽马基特的帕尔默兄弟（Palmer Brothers）制作的。这款靴子重 255 克，由手工缝制而成。

1710 年左右，在英格兰纽马基特的赛马场，格雷·温德姆（Gray Windham）与贝·博顿（Bay Bottom）进行了一场势均力敌的比赛。骑师们所穿的长筒靴在 18 世纪 20 年代引起了很多人的兴趣。这是一幅效仿约翰·伍顿（John Wootton）风格的原创作品。

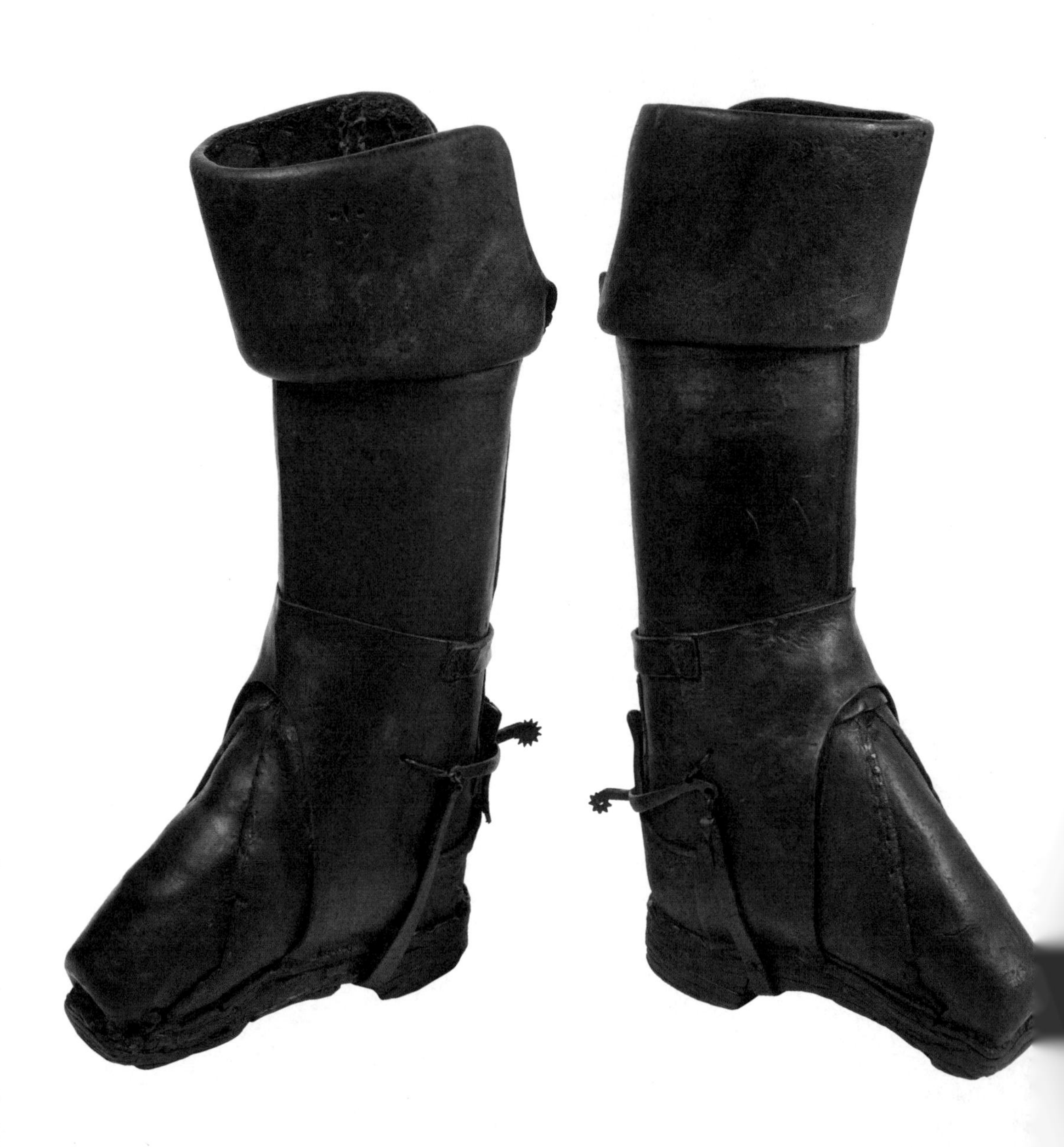

18 世纪 50 年代左右，一双厚重的皮制马靴。马靴被带子固定在马镫上，方便骑手穿脱靴子，所以在靴筒顶部能看到压痕。这种马靴曾在欧洲大陆风靡一时，但于 19 世纪 20 年代被淘汰。

款式与英格兰的款式略有不同，比如鞋头的形状，但它们仍被称作骑师靴。

18 世纪 80 年代，骑师靴被重新命名为长筒靴，是非常贴合腿型的款式。骑师靴是一种“长寿”的款式，如今仍有昂贵的马靴出售，骑士靴还不时出现在商业街时尚中。

法式高跟

这一时期，法国时尚引领欧洲潮流，巴黎成为时尚灵感的重要源头。虽然其他欧洲国家极力避免效仿法国时尚界的奢靡之风，但许多国家在一定程度上还是接纳了法国的主要流行款式，其中法式或蓬帕杜高跟最为流行，在穆勒鞋上常见这种高跟。

蓬帕杜高跟是以路易十五的情妇蓬帕杜夫人的名字命名，鞋跟呈蜂腰状，而且在脚背下方向内弯曲。这种鞋跟非常难穿，几乎无法行走，但却成了最令人向往的闺房鞋。

人们通常认为，小尺码的脚穿上法式高跟鞋才好看。据说女士们会裹足以使脚的尺寸看起来更小，有些女士甚至因为足部的束缚导致不适而晕倒。蓬帕杜高跟鞋在当时不可避免地引发了人们的嘲讽。

蓬帕杜高跟鞋的鞋跟样式，从又高又细，到又短又粗，变化繁多。当然，只有非常富有的人才穿得起这种鞋。丝缎和羊毛依旧是很受欢迎的鞋子装饰，但也有彩绘的皮鞋和由草编材料制成的鞋。不论是否配有蓬帕杜高跟，被称作拖鞋的穆勒鞋都是最受欢迎的室内或室外鞋款，至少可以在舞会穿着。

> “踩着法式高跟鞋去参加舞会，真是步履蹒跚、随时可能摔倒的时尚呀。”
>
> ——18 世纪的讽刺诗

1720—1750 年间，一双铁锈色女式丝缎穆勒鞋。鞋面中央饰有一条银色的编织带，鞋面在脚背上方形成一个独特的尖角，带贴面的鞋跟高 10 厘米。这双穆勒鞋可能是法国制造的，是穿着去参加沙龙的款式。

右图为 1767 年左右，让 - 奥诺雷 · 弗拉戈纳尔（Jean-Honoré Fragonard）所绘的《秋千》（*The Swing*）。画中，一位年长者把秋千上的年轻女士推向空中时，她故意踢掉了一只漂亮的高跟鞋，而这个姿态是做给躲在灌木丛里的情人看的。

木套鞋的发展

18 世纪和 19 世纪，想远离泥泞和潮湿的地面，最实际的解决办法是穿着带铁圈的木套鞋。最简单的木套鞋款式是一块粗糙的足形木头，木套鞋的鞋头总是效仿当时流行的鞋头形状。木套鞋穿在鞋子下面，用皮带在脚背上方牢牢系紧。有些木套鞋还配有皮制鞋头。

木套鞋上装有铁轴，铁轴的末端带有一个椭圆形的铁圈，其设计理念是：当铁圈与地面接触时，可以分散穿鞋人的体重，方便行走。

结实的木制厚底并没有弹性，所以穿上木套鞋肯定会造成行走困难。穿上木套鞋，必须抬腿和顿足才能行走，除非穿上木套鞋的人拖着木套鞋在地面滑行，但这在不平整的地面相当有难度。与中世纪的木套鞋一样，此时有些木套鞋上增加了铰链来提高灵活度。

下层社会的选择

木套鞋功能性强、外观笨重，未能吸引贵族，但较不富裕的人和乡村居民都会穿木套鞋。1725 年，丹尼尔·笛福（Daniel Defoe）出版了一本关于社会秩序崩塌的小册子，即《众人之事无人管》（*Every-Body's Business is No-Body's Business*）。在这本小册子中，他讲述了一个乡村女孩的故事：女孩去伦敦工作时，把自己的“木套鞋”换成了“皮面木底鞋”，因为她渴望看起来像她的女主人那样。

1379 年的伦敦城档案首次提及“木套鞋匠”，1434 年的《阿尔诺芬尼夫妇像》展示了一双木套鞋。在北欧、意大利和其他国家，为了不再陷入街道上的泥泞之中，人们也会穿上木套鞋。

木底套鞋

乡下人和劳动阶层穿木套鞋，而上层阶级穿木底套鞋。这些样子古怪、体积较小的套鞋由纺织品制成的鞋面和皮制的鞋底构成，而最实用的套鞋完全由皮革制成。这种鞋的鞋底置于穿鞋人的鞋子下方，其弯曲度和形状确保套鞋能紧贴高跟鞋的足弓结构，并为鞋跟留下充足的空间。然而，这种套鞋在户外并不实用，很快变成了一种时尚配饰。有钱的顾客在鞋匠那里定制一双鞋，鞋匠同时也会为他制作一双配套的套鞋，供其在客人来访时炫耀。

夹趾鞋

夹趾鞋是印度最古老的鞋子。夹趾鞋的敞开式设计适合当地气候，因为鞋底被抬离受太阳炙烤的地面。

在印度教中，牛是神圣的动物，因此用牛皮制作的鞋不受欢迎。圣人所穿的鞋，或在圣地穿的鞋，常用木头、象牙、金属制作，有时也用骆驼皮。圣人们穿着简单的木制夹趾鞋，而富裕的信徒所穿的夹趾鞋更加精致。

印度教中的神明奎师那（Krishna）和罗摩（Rama）经常被刻画成穿夹趾鞋的形象。在进入神圣的场所（如寺庙）之前，夹趾鞋很容易脱掉。如下图这只夹趾鞋设计简约，雕刻精细，形状美观。

1700 年左右，一只由丝绸和皮革制成的木底套鞋，可以清楚地看到能容纳鞋跟的部位。

1680—1720 年间，一双由花卉锦缎制成的女式带扣鞋耳式系带鞋和与之配套的木底套鞋。这双鞋的鞋跟高 5 厘米，贴有红色的摩洛哥皮。木底套鞋通常很难与鞋子配成一套，但这双鞋与套鞋拥有同样的镶边。木底套鞋可以防止鞋底磨损，但在又脏又湿的街道上并没有实际的保护作用。木底套鞋是当时必备的时尚配饰，代表富有、久坐不动的生活方式。

第五章 回归简约

18世纪50年代—19世纪40年代

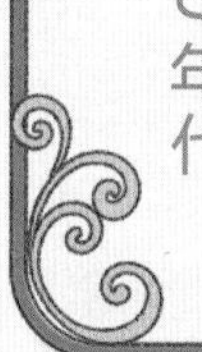

不断扩大的市场

18 世纪中叶，西方世界迅速进入工业时代，技术的发展加快了变化的速度。欧洲上层阶级和崛起的中产阶级开始投资新兴产业，造就了规模空前的奢侈品市场。暴富的人们希望通过消费来彰显他们的财富，从而受人瞩目，所以他们愿意购买当时最时髦的整套服装，再配上同样华丽的鞋子。

经济日益繁荣，越来越多的人有机会远行，这意味着其所受影响将来自更远的地方。这是一个壮游[1]盛行的时代，许多欧洲年轻人为了拓宽文化视野而踏上旅途，意大利便是众人向往的目的地。

虽然英国工业革命对制鞋业的影响并不大，但 19 世纪 30 年代以来，由于路况的改善和铁路网的发展，鞋类产品在大不列颠全境及更远地区的分销变得更为容易，覆盖面也更广。1837 年，维多利亚女王登上王位，标志着大英帝国的开端。此后，英国制造的鞋类产品开始走向世界，同时英国也进口了不少国外制造的鞋子。

革命与战争

18 世纪 50—60 年代，法国和意大利的社会环境对女式高跟鞋的影响十分显著。然而，随着政治事件的发生，人们开始更喜欢简约的风格。这种品位发展迅速，于 1789 年法国大革命时期达到顶峰，因为法国大革命的影响遍及欧洲。18 世纪 70 年代，黄铜色的大带扣极尽奢华，但于法国大革命这一时尚转折期被人们抛弃。高鞋跟也遭到批判，到这一时期的末期，大多数女鞋都是平底款式；但有些女鞋非常精致，几乎不适合在户外穿。

这一时期，两条战线对靴子的需求都有所增长。1775—1783 年美国独立战争时期，美国号召英国靴匠们提供鞋类补给。1799—1815 年拿破仑战争时期，欧洲大陆出现了既适合战场又适合平时穿着的新款靴子。

新竞争者

当时，美国人脱离了英国的殖民统治，取得了独立。新自由让美国人兴奋不已，他们彻底抛弃了英国的影响，转而寻求法国的影响。美国人也首次对本土的时尚有所关注，自 19 世纪中叶起，一股时尚潮流开始在美国生根发芽。1830 年，《戈迪女士手册》（*Godey's Lady's Book*）问世。该杂志最初的定位是促进女性教育，但在最初的几十年里该杂志刊登了第一批时尚插图。

美国制鞋行业的从业人数也有所增加。1789 年，鞋匠协会成立，该组织很大程度上保护了熟练的鞋匠们，因为其竞争对手的鞋子价格实在太低。由于没有关于鞋子库存的规定，鞋子必须尽快出售，这意味着鞋子可以在公开市场上出售而无须定价。1794 年，联邦鞋匠协会成立；1835 年，鞋匠福利联合会在费城成立。美国的制鞋业是一个快速发展的行业，而且很快成长为具有组织性的行业。

全球影响

经济日益繁荣，越来越多的人有机会出门远行，因而对鞋履款式的影响开始来自更远的地方。意大利时尚从 18 世纪中叶开始崭露头角，男鞋流行低帮、配有奢华带扣的鞋款。但女鞋在意大利时尚的影响下，反而没有采用引人注目的奢华风格，鞋跟的高度还悄然降低了。

意式鞋跟

18 世纪 60 年代后，意式鞋跟开始出现在鞋子上。意式鞋跟纤细，高度也比 18 世纪上半叶的法式高跟低得多。此外，许多鞋跟的设计都增加了一个锥形结构，以便鞋子能承受穿鞋人的体重。意式鞋跟又细又小，锥形结构是必要的选择。意式鞋跟由木头雕刻而成，通常贴有皮革或纺织品。意式鞋跟的颜色有时与鞋子的颜色形成鲜明的对比，成为一个独特的时尚特点。

18 世纪 70—80 年代，人们十分喜爱用这种优雅的鞋子搭配缩短的裙摆。颜色柔和的花纹织锦和纯色锦缎取代了之前色彩鲜艳的织锦丝绸和锦缎。

虽然意式高跟鞋便于行走，也对鞋跟做了上述各种改进，但意式鞋跟仍然容易断裂。因此，有些鞋款在鞋跟中央嵌入一根金属长钉，但这反而让鞋子具有相当高的危险性。穿上意式高跟鞋的女士们发现，她们在户外行走要容易得多，因为大约在这一时期开始出现实用的人行道。

船首式鞋头

18 世纪 80 年代，一种非写实却富于幻想的中式风格在欧洲流行了一段时间。中国风激发了人们的想象力，特别是那些运用最新时尚对豪宅进行室内装修的人。1786 年前后的短短几年里，中式风格的鞋子开始流行起来。中式风格的鞋子通常是黑色、绿色或红色的无带皮鞋，鞋跟也是当时最流行的款式，均是纤细、带有锥形结构的低跟，而向上翘起的船首式鞋头是这种鞋子最为显著的特点。

1786 年左右，一只红色女式中国风皮鞋。尖鞋头向上翘起（船首式鞋头），采用锥形结构的意式鞋跟，鞋跟上贴有黑色皮革。

1795 年左右，一双女式黑白（原为黄色）皮鞋，由小山羊皮制成，鞋跟是意式鞋跟。这双鞋的所有者是斯宾塞·珀西瓦尔（Spencer Percival）的妹妹珀西瓦尔女士。斯宾塞·珀西瓦尔曾是北安普敦 1797—1812 年的国会议员，于 1809 年 10 月 4 日出任英国首相，是唯一一位遇刺身亡的首相。约翰·贝林罕（John Bellingham）是一位对政府不满的商人，他在下议院的大厅里将斯宾塞·珀西瓦尔射杀。

1786 年左右，一双绿色女式中国风皮鞋。鞋头又尖又窄，并向上翘起。

鞋子的寓意

鞋子的历史十分悠久，除了实用性之外，鞋子还蕴含着许多不同的含义。鞋子不仅能体现穿鞋人的身份和文化背景，还能表明穿鞋人的社会地位、阶级、性别、职业和宗教信仰。

鞋子不但能显示出不受穿鞋人影响的力量，而且在人们的生活中发挥着重要作用。英语中不少俗语都与鞋子有关，如雪上加霜（put the boot in）、有则改之（if the shoe fits）、生活拮据（living on a shoestring and down at heel）等。关于鞋的迷信也非常多，说明鞋子既强大又神秘。

- 仲夏夜当晚，女孩可有机会得知将嫁之人是谁，方法是把鞋放在床边、反复吟诵：

让鞋头指向街道，
将吊袜带扔在脚边，
把袜子套在头上，
你会梦见将嫁之人。

- 鞋子永远不能放在桌上，或许是最常见的关于鞋的迷信。许多人认为这只适用于新鞋，而且后果不尽相同。如果鞋被放在桌上，有人认为会走霉运或与他人发生口角，而有些人认为这预示着“你永远不会结婚”，甚至会暴毙！
- 鞋子一直与旅行紧密联系在一起。从16世纪起，向某人身后扔一只旧鞋便是祝他旅途顺利的一种方式。1855年，维多利亚女王抵达巴尔莫勒尔后，在日记中写道：“我们进入室内后，有人向我们扔来一只旧鞋，这是在祝我们好运。”
- 鞋子与生育能力有关，因而经常出现在婚礼上。在新娘和新郎的车后绑上旧靴子，源自向新娘和新郎扔鞋以确保婚后多子的习俗。

- 19 世纪，船员的妻子和朋友们会把鞋子扔向经过惠特比码头前往格陵兰岛的捕鲸船，祝福船员们海上航行安全。
- 如果一个摩洛哥男人在路上发现一只拖鞋，他很快便会邂逅他的妻子。
- 德国人认为如果妻子在婚礼当天穿丈夫的拖鞋，以后的分娩过程会比较顺利。
- 人们认为应该先穿右脚的鞋子，否则厄运便会降临，这种迷信大概起源于罗马时代。如果你不小心先穿上了左脚的鞋，你应该立即脱掉鞋子，走出门，让其他人把鞋扔向你身后。
- 在爱尔兰的葬礼上穿新鞋是十分鲁莽的行为。如果有人穿了新鞋去参加葬礼，就会被警告说：他活不到鞋穿破的那一刻，或者下一次他穿这双鞋正是在自己的葬礼上！
- 为了阻止一场风暴，印度的巫师会用鞋拍打冰雹。
- 在印度，如果妻子用与自己左脚鞋子重量相等的面粉做面包给丈夫吃，他会对妻子言听计从。
- 据说忘记所有烦恼的最好方法是穿一双挤脚的鞋子。
- 传闻说如果新鞋是偷来的，它们会发出吱吱的声音。
- 古埃及治疗头痛的方法是吸入焚烧凉鞋时产生的烟。

在某些文化中，鞋子总与生育能力联系在一起，正如一首童谣所唱："鞋子里住着个老妈妈，她的孩子太多，不知道如何是好；她只给孩子们喝汤，没有面包；她还狠狠揍他们，再赶他们上床睡觉。"

这只粘满五彩纸屑的鞋，是由西尔斯工厂（Sears Factory）的女员工们制作的。1923 年，该鞋被当作结婚礼物送给了她们的一位同事。在英国，把鞋子扔向或绑在新婚夫妇的车后是一种习俗。鞋子富含美好象征意义，祝愿新人婚后好运，祝愿新人婚后多子多福，或象征着新娘由父亲交到新郎手中。

阿图瓦带扣

18 世纪 70 年代，不论男鞋还是女鞋，带扣都达到了体积最大、最为华丽的阶段。1777 年，阿图瓦风格将带扣的发展推上了顶峰。阿图瓦带扣得名自法国阿图瓦伯爵（French Comte d'Artois），即后来的查理十世。男士将带扣与黑色鞋耳式系带鞋搭配，这种款式还配有叠层低跟。这款鞋极其优雅，颜色素净，能完美地展示阿图瓦带扣的奢华。

18 世纪 70 年代，硕大的带扣吸引了一群追求时尚的年轻人。他们头戴高耸的假发，身穿紧身外套和浅色马裤，而且据他们的批评者说，他们身上的香水味十分浓郁，所以他们被称作“纨绔子弟”。该词专指出身富贵家庭，能参加壮游的欧洲年轻人。这些年轻人能接触到所有时髦和优雅的东西，尤其是在意大利，所以许多年轻的贵公子们都钟爱硕大的带扣。

阴柔的风格

鞋子的侧缝逐渐移向鞋头，因为纨绔子弟们想把带扣佩戴在接近鞋头的位置，但这导致出现了鞋子不跟脚等各种问题。带扣又大又重，有些甚至重达 220—250 克。笨重的带扣把鞋子的前部坠得越来越低，而鞋子的后部却被抬高。1782 年，德国作家卡尔·菲利普·莫里茨（Karl Philipp Moritz）在伦敦的剧院被一个坐在后排的纨绔子弟惹恼了，因为这位公子哥“不停地把脚踩在我的凳子上，以便炫耀他鞋子上亮闪闪的宝石带扣。如果不是我识趣地挪开点，他就踩在我的衣摆上了”。

> “所有年轻的纨绔子弟，甚至伦敦最底层的人，都穿着配有带扣的鞋子。只不过后者的带扣是用黄铜、白色金属和铜锌合金制成的。”
>
> ——《绅士杂志》（*The Gentlemen's Magazine*），1777 年 6 月

除了用各种贵重金属和非贵重金属制作带扣外，一些新材料也得以试用，比如韦奇伍德[2]出产的绿宝石陶瓷、骨瓷和蓝釉陶瓷。在欧洲大部分

创作于1773年左右的一幅精美版画。画中年轻的纨绔子弟虽极力控制自己，但仍露出自鸣得意的笑容，看上去有些浮夸、令人恼火。

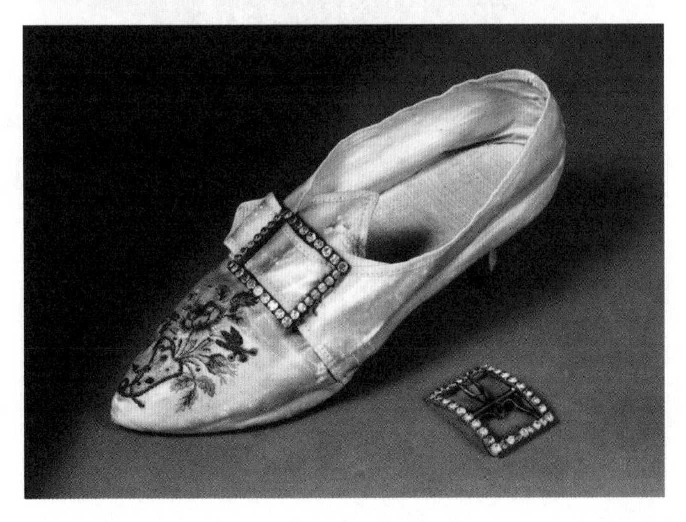

1784年，一只配有带扣的象牙白丝绸鞋耳式系带鞋，鞋面饰有刺绣，银制带扣上镶有人造宝石。

1785年左右的一对银质带扣，带扣上饰有人造宝石以及绿色和白色的珐琅。这对带扣配有原装的定制收纳盒，其形状完美贴合带扣，由红色摩洛哥皮制成，并饰有金色花纹。

地区，随着社会财富的增长和制作工艺的进步，下层阶级也能选用由较低价格的材料制成的大带扣。

时尚更迭

法国大革命及1789年社会变革和政治动荡引发的社会反响，在欧洲很大程度上决定了女性时尚的走向。法国人的理想是“自由、平等、博爱”，而鞋面上硕大的带扣对财富的炫耀性展示与这一理想根本不符。“打倒带扣”是1789年巴黎群众的呼声。

正如鞋履专家琼·斯万所说：“对平等的渴望导致了带扣的消失。”欧洲各地的带扣制造商遭受了沉重的打击。然而，带扣并不是一夜之间消失不见的。同许多时尚潮流一样，带扣是逐渐消失的，首先从各大时尚中心消失，然后向其他地区扩散，直至最终彻底消失。

流行款式

法国大革命，尤其是君主制的垮台，极大损害了法国的声誉，曾经是时尚与品位中心的巴黎也陷入了沉寂。然而，这种沉寂是暂时的，随着18世纪接近尾声，法国时尚再次对欧洲产生了重大影响。

随着法国款式的流行，欧洲各地的女鞋也发生了变化。鞋面较宽的平跟鞋款问世了，人们对系襻鞋也有过短暂的狂热，它是一种低帮的一脚蹬款式，利用丝带环绕脚踝和小腿后系紧。此时的鞋款趋于简约，令行走更加自由。鞋款还反映了法国时尚所崇尚的细长形状，所以鞋头明显较尖，鞋跟是意式低跟。鞋子的颜色也变得更少，通常都是单一色调。奶油色、白色和黑色非常流行，也有与穿鞋人的其他配饰和服装相搭配的黄色、橄榄色和蓝色等颜色。

鞋子通常会配上体积较小的皮套鞋，它套在鞋头上，另有一个弹性的圆环套在鞋跟上。无带鞋的款式与宫廷鞋比较类似，通常是黑色的，鞋面常有镂空图案，而镂空的鞋面下方又配有彩色的皮制填充物，这种巧妙的设计不禁让人回想起中世纪鞋子上的镂空设计。

1796 年左右，一双小山羊皮衬里的女式缎面鞋，鞋子原为紫红色，现已褪成铁青色。鞋头细尖，贴着白色小山羊皮的锥形鞋跟高 4 厘米。鞋口饰有蓝色穗带，鞋面饰有细绳制成的图案。这双鞋还饰有由银线和亮片绣制的刺绣，但都已失去了光泽。

1810—1819 年间，一双玫瑰粉色女式小山羊皮一脚蹬鞋。鞋面饰有白色扇形图案，鞋上配有可以系在脚踝上的丝带环和绑带，鞋跟是带贴面的低坡跟。这双鞋是系襻鞋的典型例子。

鞋带与侧系带

从 18 世纪 90 年代起，长鞋头成为鞋子的特点，引发了一些批评。带扣鞋耳式系带鞋渐渐被系带鞋和鞋丝带的新时尚所取代，至少上层社会是如此。最新款的靴子也有类似的发展变化。

由于鞋带与劳动阶级之间的联系，18 世纪上半叶鞋带不再受青睐，但人们的态度开始发生改变。男士们和女士们开始排斥 18 世纪 70 年代的华丽带扣，更青睐较为简单舒适的鞋款。实际上，几十年前的低帮鞋款，用鞋带更容易固定在脚上。《着装的完整艺术》中曾写道："鞋带应是宽丝带，而且要系成双蝴蝶结。"着色皮革是此类鞋子最受欢迎的选择，尤其是红色或白色。漆皮也受到欧洲人和美国人的青睐。

中筒靴

19 世纪初，靴子又重回时尚，而且非常受欢迎。作家詹姆斯·德夫林（James Devlin）在他的行业指南《鞋匠》中写道："目前我们已然是爱穿靴子的民族了！法国人和美国人也是如此。"这一时期，中产阶级和上层阶级的女士们也可以穿靴子。市面上有前系带、带装饰的中筒靴，也

右脚鞋和左脚鞋

18 世纪 90 年代，右脚鞋和左脚鞋重新进入人们的视野。这一时期的大多数鞋款都是平底鞋，所以鞋匠更容易制作镜像鞋楦。

此外，伸缩绘图器的发明也意味着右脚鞋和左脚鞋将最终取代直脚鞋，因为伸缩绘图器是一种利用铰链和连接杆，按照不同比例复制图纸的工具。

来自费城的威廉·杨（William Young）是美国著名的制靴匠，据说是他发明了右脚鞋和左脚鞋。然而，如同靴子和鞋子的多次革新一样，很难将这一发明归功于某一个人。总体来看，男士们比女士们更快地接受了右脚鞋和左脚鞋的回归。

1850—1859 年间，一双女式侧系带羊毛靴子。靴子上有棕色、浅黄褐色和蓝色的条纹，鞋头和鞋跟由黑色漆皮制成。鞋头又窄又方，鞋底是平底。黑色鞋带的一端有一个小黄铜箍。

有侧系带的靴子，鞋带一端配有黄铜或金属丝制成的箍。鞋带的一端在靴子底部的孔上打结固定，另一端从底部的孔一直穿到靴子顶部。

英国宫廷男装时尚的权威人士乔治·布莱恩·布鲁梅尔[3]，在男式着装的各个方面提倡减少装饰，采用整洁干净和简约的款式，为男士形象树立了标杆。此外，布鲁梅尔让大众更接受女性化的时尚。虽然传闻他用香槟酒清洁和擦拭靴子，但这种传闻对他的声誉几乎没有任何影响。

1790年左右，一双红色男式系带皮鞋。这双鞋的鞋帮较长，鞋跟有1厘米。这双鞋的颜色十分喜人，应该是假日所穿的款式，很有可能是在海边度假时所穿。

学徒制度

把年轻人交由一位师傅指导，传授他们一门手艺的理念可以追溯到古代。自中世纪以来，鞋匠们一直在英格兰和其他地区培养学徒。学徒制度有可能导致剥削产生，但此时大多数行业在学徒问题上都遵守行会条例。

英格兰模式

英格兰当时最大的制鞋区是北安普敦的周边区域，这些制鞋地区正是实施学徒制度的绝佳选择。孩子们从五六岁开始工作，7 岁起开始当学徒，学徒年限通常至少 7 年。14 世纪，学徒制度成为年轻人获得公民身份、脱离父母庇佑的公认途径。行会负责监督每一名学徒，每个孩子在学徒期开始时需要支付一笔高额的学徒费，在学徒期间只领取低薪，以支付学习费用并获得最终进入制鞋业的机会。

北安普敦行会成立于 1401 年。北安普敦地区的每个师傅最多只能招收 3 名学徒，而其他城镇可能限制每个师傅只能招收 1 名学徒，学徒通常是 7—11 岁的孩子。师傅给“住家”的男孩提供食宿和衣服。学徒期结束时，师傅给即将出师的学徒准备 2 套衣服（包括鞋子）和 1 套从业工具，但到 1660 年左右师傅已不再为学徒准备 2 套衣服。

学徒制度的发展

1593 年，《工匠法令》[4] 首次从国家层面规范学徒制度，该制度不再仅限于行会层面。每名学徒得做满 7 年，年满 12 岁出师；学徒夏季每天工作 12 小时，冬季每天白天工作。该法令直到 1814 年才被废除。

英格兰内战时期，师傅不再为学徒提供任何装备，大部分服装由学徒的父母提供。17 世纪，父母得提供食宿，有的情况下还得提供围裙和工具。具体来说，17 世纪时，学徒第 1 年没有工资，第 2 年的工资为每星期 6 先令，随后每年的涨幅在 6 便士至 2 先令之间，第 6 年和第 7 年的涨幅是 6 便士。

随着制鞋行业的发展，伦敦的商店开始销售在乡村制作的鞋子，学徒的数量因而随之增加，但其中很多人只是以雇工而非学徒的身份来学习制鞋技艺。制鞋行业的发展也催生了剥削和虐待的现象。18 世纪 70 年代后期，由于美国独立战争期间对鞋子的需求增加，一些鞋匠提高了学徒费的收取标准。

1860 年左右，来自德国埃斯林根的一幅平版印刷作品《职业：鞋匠》(*Profession:Shoemaker*)。它是系列平版印刷画作中的一幅，该系列画作展示了 30 位工匠的工作场所。

1785年，学徒第一年的工资增加到18先令，之后以每年6便士的涨幅增加。1800年，拿破仑战争期间对鞋子的需求量大增，同时英国和欧洲不断扩张的城市对英国制造鞋子的需求得不到满足，导致学徒制度不堪重负，只有很少的人继续留在制鞋城镇做学徒。19世纪中期，大型的制鞋城镇已不再采用学徒制度，小城镇和乡村的鞋匠可能还在招收学徒，但学徒制度已然是一个濒临消亡的制度。

随着人口的增长和海外市场的扩大，社会对鞋类的需求量也在稳步增长。19世纪50年代末第一批正规工厂出现之后，旧的学徒制度不再适应当时的环境。

1840—1849年间，一双由黑色漆皮和绿色皮革制成的男式正装威灵顿靴。这双靴子完美地展示了学艺多年的鞋匠的技术和手艺。

自制鞋子

欧洲和美国女性之前以织挂毯、读书或弹钢琴打发时间。19 世纪之初，女鞋的设计十分简单，所以亲手制作鞋子成了女性消磨时光的一种新方式。为了满足这种新兴的消遣方式，当时的女性杂志开始刊登鞋样。

《我的回忆录》（*Mes Souvenirs*）是卡尔弗特夫人（Mrs Calvert）1798—1822 年间的日记，并未正式出版。1911 年，沃伦妮·布莱克（Warrenne Black）夫人对《我的回忆录》进行了整理，汇编成《摄政时期的爱尔兰美人》（*An Irish Beauty of the Regency*）。其中，卡尔弗特夫人 1808 年在英格兰写道："今天我开始学习做鞋，这是时下非常流行的新手艺。一位师傅教了我两小时，我想我以后一定能做出精美的鞋子。做鞋让我感到愉快和充实，至少目前我十分受益。"

1879 年 10 月 25 日的《鞋靴制造商》（*Boot and Shoe Maker*）杂志中，有一段文字写道："年轻人，如果你的女友目不转睛地盯着你的脚，你不用不安地把双脚挪开，也不用把脚收起来盘坐在身下，更不要以为你的鞋尺码太大让她惊讶。她只是在目测你的鞋码，心里盘算着为你做一双便鞋。她还打算在鞋头为你绣上一只蓝色的狗，狗尾巴是绿色的，耳朵是红色的。"

遗憾的是，如果没有文字记录鞋子的出处，很难识别这一时期的自制鞋子，因为当时所有的女鞋都是手工制作的。

女性身影

事实上，女性的身影早已出现在制鞋过程中，鞋匠的妻子常帮丈夫缝合鞋面。缝合鞋面是指把鞋面的各组成部分缝在一起，这项工作曾特别适合女性，因为从 17 世纪起鞋面主要由纺织品制成。19 世纪 60 年代，第一批工厂建立后，也出现了类似的劳动分工，女工一般在缝合车间工作，只不过她们使用缝纫机缝合鞋面。

1869 年 11 月 1 日，《嘉言》（*Good Words*）杂志刊登了一篇题为《北安普敦鞋匠》（“The Northampton Shoemaker”）的文章，文中插图展示了在北安普敦的一个缝纫机缝合车间工作的妇女们。每个人从早晨 7 点工作至下午 6 点，这期间有 1 小时的午餐休息时间。

1869 年，一幅缝合车间的插图。车间左侧的年轻女性使用踏板缝纫机缝合鞋面，中间的孩子们把缝纫工留下的线头打结，右侧的年轻女性是配料工，负责将鞋面的各个部分组装在一起，然后传递给缝纫工。

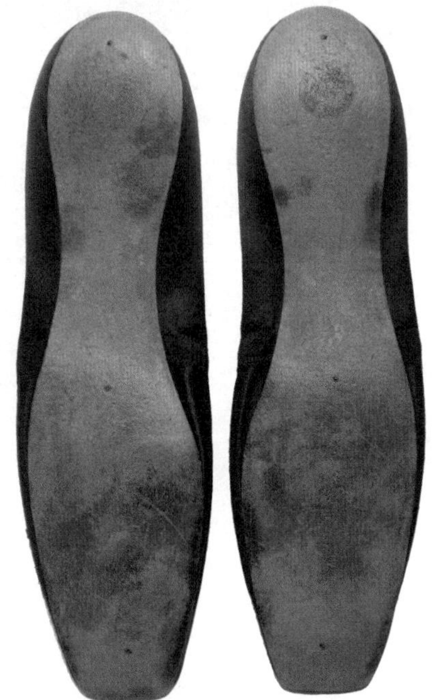

1830—1839 年间，一双黑色女式绸缎无带鞋。从鞋底看，这双鞋不是直脚鞋，而是不同的左脚鞋和右脚鞋。这双鞋的鞋帮是由白色小山羊皮制成的，鞋帮内衬上还题有“马歇尔・赖特小姐”（Miss Marshall Right）字样。

1830 年左右，一套（共四双）女式无带鞋中的两双，均由巴黎的美劳特（Melnotte）制作。鞋子装在特制的亚麻袋里，袋上配有纽扣，并设有存放每双鞋的单独收纳格。

军鞋

1799—1815 年的拿破仑战争，引发了人们对各种军队用品的广泛兴趣。为了满足士兵上战场的需要，军装的产量激增。军装不可避免在国内流通，当然也包括军鞋的流行款式。

海森靴

海森靴最初是轻骑兵的装备，从 1795 年开始流行，直至 19 世纪 30 年代。海森靴十分独特而且价格昂贵，颜色通常是墨黑色，靴筒恰好在膝盖下，靴筒顶部正中有一个 V 形凹口，凹口上挂着装饰穗。海森靴的保养费高昂，需要男仆经常护理才能保持靴子光亮和颜色墨黑。《着装的完整艺术》杂志中曾提道："不穿靴子，腿不会显得修长，特别是个子不高的人，但海森靴可以穿出大长腿的效果。"有些海森靴的装饰穗大得夸张，导致靴子根本无法穿在裤管下面。解决办法是将海森靴的顶部剪裁成平直状，把靴筒顶部收紧，不过装饰穗就不复存在了。

海森靴在美国流行的时间更长，但在英格兰，更为实用的威灵顿靴取代了海森靴。

布吕歇尔靴

布吕歇尔靴是外耳式、前系带、直侧缝线的款式，以普鲁士将军格布哈特·莱贝雷希特·冯·布吕歇尔（Gebhard Leberecht von Blücher）的名字命名。他曾在 1815 年的滑铁卢战役中与威灵顿并肩作战。

布吕歇尔靴的鞋帮，最初是由一整块没有后接缝的皮革制成的。《着装的完整艺术》杂志中曾提道："毫无疑问，布吕歇尔靴的出现仅仅是为了省去着装的麻烦，不用留意丝制袜子，也不用担心鞋带系不系蝴蝶结的问题。你只需套上靴子，立刻就穿戴整齐了。"

交替穿鞋

回归左脚鞋和右脚鞋，不再穿直脚鞋，的确造成了一些麻烦。1813 年，约翰·里斯（John F. Rees）在《鞋匠的艺术与奥秘》（*The Art and Mystery of The Cordwainer*）一书中写道："如果穿鞋人走路时踩得不平，一定有一只鞋子磨损得更严重。"士兵们习惯把右脚的靴子换到左脚交替着穿，因为 1800 年皇家什罗普郡轻步兵团（King's Shropshire Light Infantry）的作战命令要求："左脚和右脚的靴子必须隔天换着穿。"

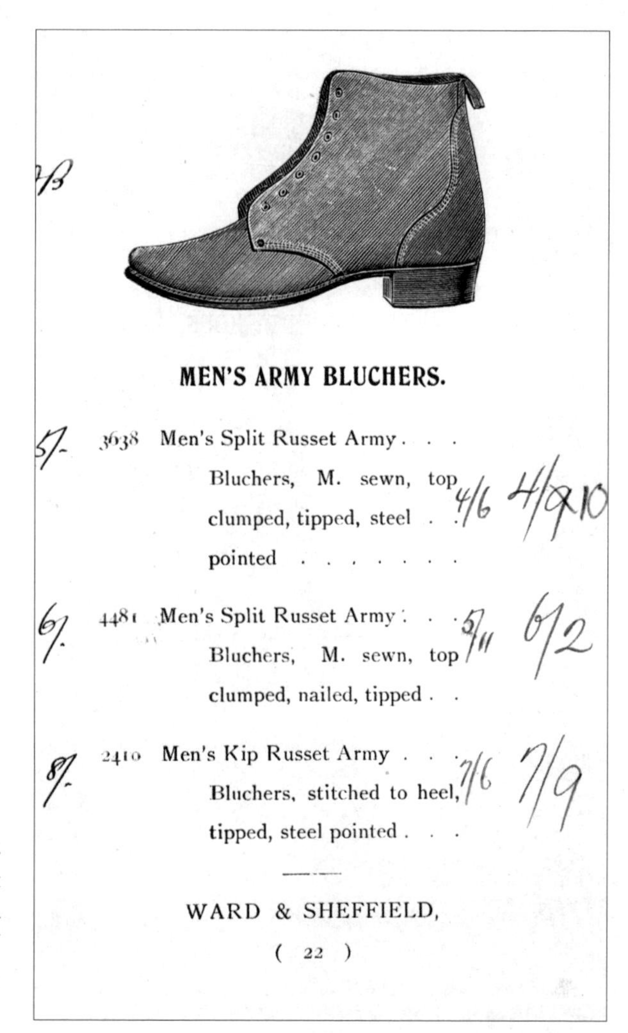
MEN'S ARMY BLUCHERS.

5/-	3638	Men's Split Russet Army Bluchers, M. sewn, top clumped, tipped, steel pointed	4/6	4/9 10
6/-	4481	Men's Split Russet Army Bluchers, M. sewn, top clumped, nailed, tipped . .	5/11	6/2
8/-	2410	Men's Kip Russet Army Bluchers, stitched to heel, tipped, steel pointed . . .	7/6	7/9

WARD & SHEFFIELD,

(22)

1907 年左右，来自北安普敦郡巴顿伯爵小镇的沃德与谢菲尔德公司（Ward & Sheffield）的商品目录，上面刊登了一则布吕歇尔军靴的广告。

1890 年左右，威灵顿公爵在与纳尔逊海军上将的会面中穿了一双精美的海森靴。这幅版画现收藏在伦敦英国国家陆军博物馆。

英格兰男士们与靴子的联系甚是紧密，使得这一潮流影响了欧洲的男士时尚。年轻的法国纨绔子弟也开始喜欢穿靴子，这让法国评论家们十分沮丧。1780 年，约翰 · 伯戈因（John Burgoyne）将军提及，“小伙子们在任何场合都喜欢穿靴子，唯独不是在骑马的时候……他们还爱穿白裤子配浅口舞鞋”。

威灵顿靴

如今的威灵顿靴是指工作或休闲时所穿的防水橡胶靴，而最初的威灵顿靴是指一种新样式的皮靴，以军事指挥官阿瑟 · 韦尔斯利（Arthur Wellesley）的贵族头衔命名。韦尔斯利是个英雄，受封第一代威灵顿公爵，在拿破仑战争中多次战胜法军，其中最著名的是 1815 年的滑铁卢战役。

威灵顿以喜好优质的鞋子而闻名，也常见他穿海森靴。1913 年，塞西尔 · 韦布 – 约翰逊（Cecil Webb-Johnson）上尉在《士兵的脚与鞋》（*The Soldiers' Feet and Footgear*）一书中写道 ：“有人问威灵顿，什么是士兵最重要的装备。他答道，‘首先是一双好鞋，其次是再来一双好鞋，最后是一对替换用的前掌鞋底’。”对威灵顿来说，保罗 · 普赖（Paul Pry）的漫画或许是一种非常聪明的营销策略，将他的胜利与靴子紧密联系起来，以从中获利。

伦敦圣詹姆斯宫的制靴匠乔治 · 霍比（George Hoby）为威灵顿制作过靴子。巴塔鞋博物馆收藏了一封威灵顿写给霍比的信，信中威灵顿提到使靴筒贴合腿部十分不容易。在订购并收到了两双新靴子之后，威灵顿给霍比回信说 ：“你寄来的靴子小腿部分仍然太窄，大概窄了 1.5 英寸（3.81 厘米）。”威灵顿靴非常贴合腿部，需要使用脱靴器才能把靴子脱下来。

被后世铭记

维多利亚女王曾问过威灵顿公爵穿的靴子是哪种款式，他答道："陛下，人们把这种靴子称作威灵顿靴。""真荒谬！"女王回道，"我倒想知道，他们从哪儿能买到一双威灵顿靴呢？"女王显然认为威灵顿公爵是与众不同的。

1869年，《圣克里斯宾报》（*St Crispin Journal*）第二卷刊登了一则有趣的故事。"某天，布鲁厄姆勋爵[5]乘坐自己发明的马车到达上议院，这种马车被马车制造商罗宾逊（Robinson）以勋爵的名字命名。布鲁厄姆勋爵在更衣室遇到威灵顿公爵，威灵顿深深鞠了一躬后对他说：'我一直以为阁下将作为伟大的教育传播者、黑人解放者和法律改革者而流芳百世，但事实并非如此。您将以马车的发明者被后世铭记。'布鲁厄姆回道：'公爵殿下，我一直以为您会作为身经百战的英雄、欧洲的解放者和拿破仑的征服者被民众所铭记，但事实并非如此。阁下将以靴子的发明者被后世铭记。'威灵顿说：'该死的靴子！你不说我都忘了！你赢了！'"

百变的款式

穿正装威灵顿靴或歌剧靴，须在褐色皮衬里配上黑色丝制袜子，并搭配丝绸上衣。丝制袜子固定在黑色漆皮的套鞋上，并在鞋面边缘处系上一个蝴蝶结。如果靴子藏在长裤里面，看上去就像一双时髦漂亮的浅口鞋。五颜六色的靴筒大多是由摩洛哥皮制成的。詹姆斯·德夫林在《鞋匠》一书中写道："靴筒有绿色的、紫色的和黄色的，有些是用西班牙黑山羊皮制成的，有些是用白色带纹路的糙面小牛皮制成的。"19世纪60年代，威灵顿靴在英国被一种新款的踝靴所取代。然而，威灵顿靴在美国仍很受欢迎，男士们常把裤管塞进威灵顿靴里。

1827 年，普赖创作的《一只威灵顿靴》(*A Wellington Boot*)，又名《陆军首脑》(*The Head of the Army*)。这幅威灵顿的漫画表明，成功统率军队的秘诀包括：聪慧的头脑外加借助靴子的力量，因为靴子在任何战争中都是士兵们的重要装备。

1860—1869 年间，一双由红色摩洛哥皮和黑色漆皮制成的男式威灵顿靴。

去繁从简

从 19 世纪开始，女鞋的鞋跟越来越低，直到彻底消失，鞋头的形状也变得更为柔和。19 世纪 40 年代，女鞋的典型款式是设计简单、平底方头的一脚蹬款式，配有缎带以确保鞋子不掉落。

被称作“平底鞋”的鞋款，与宽大的灯笼袖、纤细的束腰和钟形的裙子一起构成当时的流行时尚。裙子越来越蓬大，但裙子的长度却越来越短。自然而然，所有的目光都被吸引到脚部，而脚上通常配着宝石色丝缎一脚蹬鞋或踝靴。黄色、紫色、蓝色和红色是常见的颜色，也有乳白色、白色和黑色的鞋可供选择。平底便鞋极易损坏，只适合在室内穿，它是芭蕾鞋的前身。如果在舞会上跳一晚上舞，鞋子就会出问题，正如下面这则轶事中所描述的那样。

据说，拿破仑·波拿巴的妻子约瑟芬皇后拥有 300 多双这种平底便鞋。有一天，她震惊地发现一只鞋的鞋底上破了个洞。她召来自己的鞋匠，对他说：“看！这太糟糕了！你打算怎么办？”鞋匠答道：“皇后，我知道这是怎么回事。您一定是穿过它了！”不管平底便鞋是否精美，这个故事都强调了一个事实：此种款式的鞋一点儿也不结实。

新娘的最佳选择

1840 年 2 月 10 日，维多利亚女王大婚。她的婚鞋是平底款式，鞋面由绸缎制成，鞋头和鞋喉都是方形的，还配有丝带做绑带，完美阐释了简单鞋款的样子。鞋面上的霍尼顿丝带贴花呼应了结婚礼服上的霍尼顿蕾丝。

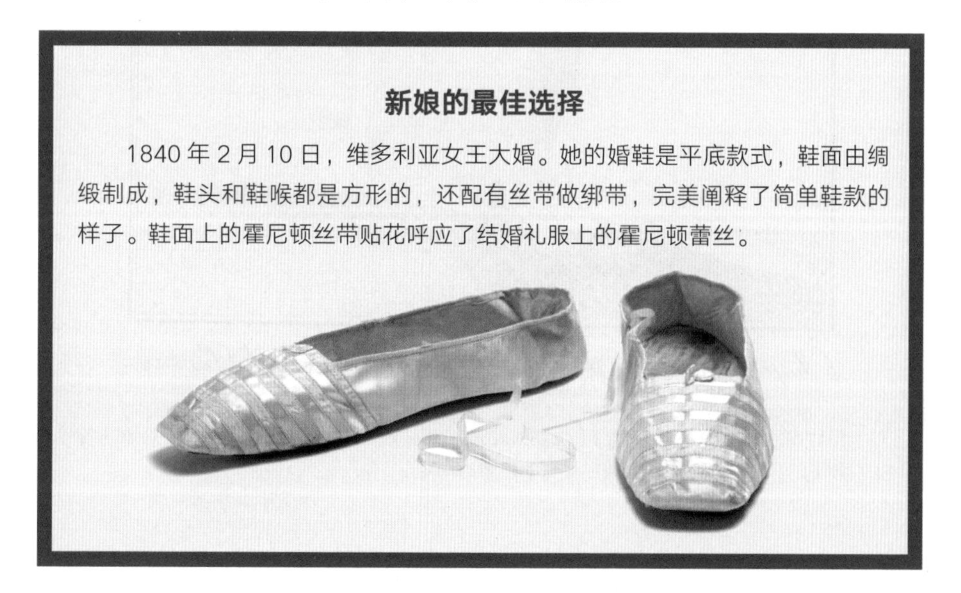

1812 年左右的《巴黎服饰》(*Costumes Parisiens*)。裙子缩短的新时尚让一位女士露出了脚踝，于是最美的鞋子出现在最新的巴黎时尚中。

盖德润父子鞋靴公司（Gundry & Sons Boot & Shoemakers），位于伦敦苏豪广场 1 号，专门为英国女王、王太后、肯特公爵夫人和索菲娅公主制鞋。1840 年，维多利亚女王的婚鞋正是由该公司制作的。

以小为美

尺码小的脚对女性而言才是完美的，这种看法由来已久，在19世纪之初尤为盛行。在女性应具备的理想特质中，当时排名靠前的特质包括：良好的教养、姣好的骨骼结构、体面的家庭背景和完美的足部尺码。

《着装的完整艺术》中曾写道："中国人对脚最为关注……我听说要评判一众面容姣好的姑娘中谁最美，主要是看她们的脚。或许因为她们的脚更小，可以穿上小巧秀气的浅口鞋。"

许多女士把脚塞进又窄又小的靴子和无带鞋里，结果导致足部变形、脚趾挤在一起、拇囊炎和鸡眼。尽管穿小鞋挤脚且令行走困难，但时尚对小尺寸鞋的推崇和女性对这种时尚的追捧，的确营造了尺寸小的脚才是小巧秀气和女人味十足的错觉。

美满婚姻

在某些社交圈内，小脚是一桩美满姻缘的先决条件。大脚被认为太过阳刚，被解读成独立和智慧的象征，而上述特质对女性而言都不够得体。更有甚者，认为拥有一双大脚预示着一辈子嫁不出去。1854年，维多利亚时代的作家玛丽·梅里菲尔德（Mary Merrifield）在《服饰艺术》（*Dress as a Fine Art*）中，声讨那些鼓励女性"把脚挤进小鞋里"的"诗人和浪漫主义作家"。

在夏尔·佩罗（Charles Perrault）创作的《灰姑娘》中，很明显能看出小脚的优势。虽然历经了考验和磨难，但灰姑娘的小脚让她最终获得了王子的青睐。相比之下，她的姐姐们不仅相貌丑陋还脚大无比，绝不可能找到如意郎君。

室内生活

男鞋变得更加舒适和实用，因而男性得以掌控户外的世界，但精致、不实用的女鞋将女性的活动范围限制在室内。穿不舒适的鞋子是社会地位的象征，表明穿鞋人不能经常走动，他们既不能工作，也不用工作。

尺码小的鞋子更能显示出鞋匠的技术和手艺。凯瑟琳·奥曼－科尔佩（Catherine Ormen-Corpet）在1814—1830年间出版《时尚年鉴》（*Almanach des Modes*），其中曾写道："穿上这些鞋，令大脚看起来像标准尺码的脚，而标准尺码的脚则因娇小优雅而引人注目。"

1820—1829年间，一双象牙白女式羊毛无带鞋。方形鞋头十分独特，还饰有原本成排的银色亮片。

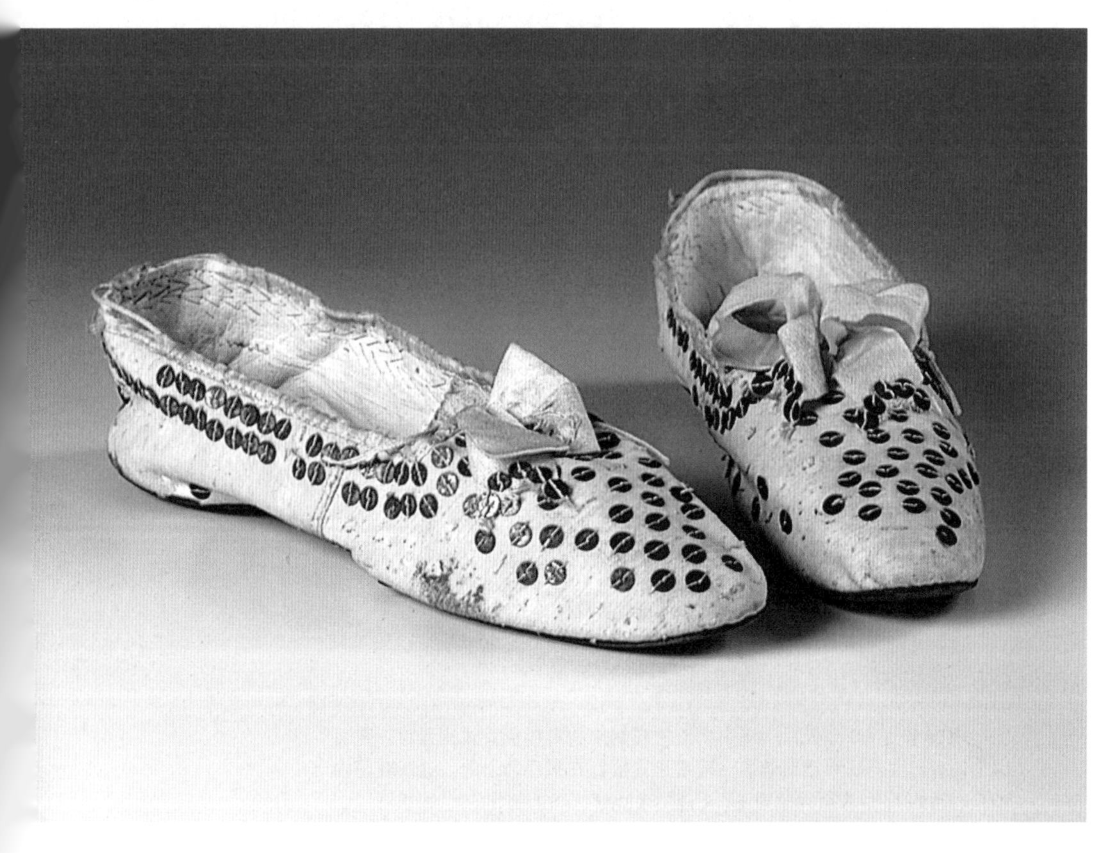

19 世纪 60 年代，一双由小山羊皮制成的青铜色女式宫廷鞋。鞋面上饰有丝线刺绣和褶皱丝边，鞋跟是直接钉在平底之上的。这双鞋是由波士顿的 T. E. 摩斯利公司（T. E. Moseley & Co.）制作的。

古代中国的缠足

在古代中国，缠足是实现完美小脚的终极方式。缠足是一种陋习，年轻女孩的脚趾被折断，在一段时间内脚被紧紧裹住，限制其生长。缠足的目的是把脚“塑造成”7.5 厘米长的“莲花足”。如下图所示，莲花鞋通常是三角形的鞋底，更能突显脚的娇小。没有缠足的女性很难找到婆家。

成品鞋的推广

始于英国、随后席卷整个欧洲的工业革命，在机械化方面对制鞋行业几乎没什么影响。19 世纪 50 年代，制鞋业才开始出现机械化生产。铁路系统的发展使制造商们有机会把货物运往欧洲各地，鞋匠们也意识到该为他们的产品做广告了。

货栈

在 18 世纪的最后 25 年里，鞋匠们不但为特定客户定做鞋子，而且为日益繁荣的大众市场制作成品鞋。鞋子货栈开始涌现，不仅吸纳了一些鞋匠开设销售直营店，还为其他鞋匠提供存储产品以及通过代理商和分销商销售产品的空间。

商业名片和鞋标签

制鞋业的转变让鞋匠意识到：为了接触到更大的顾客群体，需要推广自己的产品。18 世纪中期，许多鞋匠开始派发商业名片，兼有名片和广告的双重作用。1750 年左右，纸质标签开始出现在一双鞋的其中一只鞋内的衬垫上。

不管是独自经营的鞋匠，还是雇用鞋匠的小公司，鞋子标签上都有鞋匠的姓名和地址。例如，一张 1800 年左右的标签上写着："爱德华·霍格女式平价鞋商店，伦敦圣詹姆斯区杰明街 25 号"。鞋内的标签表明：量产的成品鞋即使还未赶超定制鞋，也正在与定制鞋竞争。商人阶层和有钱去商店选择平价商品的人肯定喜欢量产的成品鞋。制作定制鞋的鞋匠们却十分不悦，他们指责货栈损坏了他们的行业声誉，而且提供的鞋子均是劣等货。然而，面对大众的需求和货栈的不妥协，他们也无能为力。

鞋标签还有另外一个功能：它们让鞋匠不仅有机会推销自己，还得以向他人展示自己的制鞋技术和手艺，从而获得大众的认可。鞋匠对自己的产品感到自豪，同时标签上的名字在一定程度上表明鞋匠愿意为自己的产品负责。另外，对鞋子不满意的顾客可以退货。

19 世纪，英格兰制造商威廉·琼斯（William Jones）的一张商业名片。斯塔福德是主要的制鞋中心之一，当地国会议员理查德·布林斯利·谢里丹（Richard Brinsley Sheridan）曾在祝酒时说道：“愿斯塔福德的制鞋业被全世界‘踩’在脚下。”

1827 年左右，一双法国制造的美劳特鞋内衬垫上的纸质标签。标签在一只配有丝带的亮粉色绸缎无带鞋内，鞋内还有标明“右”和“左”的小标签。

注释

[1] 壮游（Grand Tour）是指17—18世纪英国贵族子弟完成学业后，由一位监护人陪同，穿越英吉利海峡，到巴黎、罗马、威尼斯、佛罗伦萨等欧洲大陆城市进行的一场语言、建筑、地理和文化的探索。壮游一般会持续2—4年。

[2] 韦奇伍德是由乔赛亚·韦奇伍德（Josiah Wedgwood）于1759年创立的陶瓷品牌。

[3] 乔治·布莱恩·布鲁梅尔（George Bryan Brummell，1778—1840）在原文中被称作George 'Beau' Brummell，Beau特指特别注重外表和穿着的男子。乔治·布莱恩·布鲁梅尔是英格兰摄政时期的标志性人物，是男装时尚的权威。他与威尔士王子乔治（1811年起担任英国的摄政王，后继位成为乔治四世）的友情举世闻名。

[4] 《工匠法令》（*Statute of Artificers*）是1563年伊丽莎白一世颁布的一项英格兰议会法案。瘟疫导致的短期劳动力短缺、通货膨胀、贫困和社会动荡等，推动了该法案的出台。该法案旨在制定价格、实施最高工资制度、限制劳动力流动和规范行业培训。

[5] 布鲁厄姆勋爵（Lord Brougham，1778—1868）是英国政治家、大法官和时尚人士，领导过多次重大法律改革，包括1832年的《改革法案》和1833年的《废除奴隶制法案》。1838年左右，他设计了第一辆四轮单马车，后被称为“布鲁厄姆马车”。

第六章 制鞋业的机械化

19世纪50—90年代

首批工厂

19 世纪下半叶见证了制鞋业的一系列重要变革。随着专业制鞋机器的发明和发展，美国和欧洲建立了首批真正意义上的现代工厂，这些工厂是专门为了使用新机器而兴建的。随着鞋子产量的增加，市场营销策略也急需得到提升，首批广受赞誉的鞋店应运而生。

领先的美国

19 世纪 60 年代正值美国南北战争时期，美国制鞋业的规模空前扩大。为了满足日益增长的军鞋需求，配备特制机器的新型高效工厂相继投入生产。欧洲也不可避免地出现了类似的运营方式。19 世纪 80 年代，英国的工厂主们跨越大西洋，去美国学习美国人的经营方式和商业头脑。但新的运营方式遭到英国鞋匠们的抵制，因为他们更习惯原有的工作方式和工作节奏。不过，他们无法阻止到工厂工作的发展趋势。19 世纪 80 年代，欧洲的制鞋业受到美国的全面影响。

欧洲的发展

1855 年，法国鞋匠工人协会会长弗朗索瓦 · 皮内特（François Pinet）在巴黎开设了第一家制鞋厂，专门生产女鞋。1863 年，他在鱼市口天堂街 44 号新建了一家工厂，雇用了 120 名工人，还雇用了 700 名男工和女工作为外包工人。皮内特与鞋匠和工厂主们一起见证了制鞋业从手工工厂转型成更大规模的工厂。在法国和欧洲的其他制鞋中心，例如英格兰的北安普敦，手工制鞋的过程迅速机械化，习惯手工缝制鞋子的工匠及其家人被工厂吞并。至此，工业体系已然确立，开始影响鞋子的款式和生产数量。

影响力的转移

19 世纪上半叶，法国时尚在相当长的时间里主导着英国和美国的市场，但这种情况即将改变。英国和美国的工厂生产出自己的法式鞋子，美国从 19 世纪 50 年代起已做好主导世界时尚的准备。此时也是一个伟大发明和创新迭出的时代。1851 年和 1862 年的万国博览会及 1889 年的巴黎世界博览会，向世人展示了这个时代的发明和创新。

机械化同样影响了其他地区的制鞋工人。19 世纪初，鞋匠们已经在澳大利亚的悉尼站稳了脚跟，许多鞋匠都是从英格兰等地移民而来。制鞋是一项容易传授的技能，有书面材料记载道："1828 年，木工行业是当时从业人员最多的行业，制鞋行业仅次之，平均 1 位鞋匠服务 236 个居民。" 19 世纪 80 和 90 年代，澳大利亚面临着来自美国进口鞋的激烈竞争；1902 年的联邦关税法案终止了进口，澳大利亚制鞋业得以存活至 20 世纪。

从手工缝制到工厂制造

制鞋业机械化之前，在妻子和孩子的帮助下，个体鞋匠在小镇或村庄里为当地市场制作手工缝制的鞋子。大城市里，公司的运营模式是雇用多个鞋匠一同制鞋。

1599 年，托马斯 · 德克（Thomas Dekker）的戏剧《鞋匠的假日》（*The Shoemaker's Holiday*）使西蒙 · 艾尔（Simon Eyre）的伦敦公司备受瞩目。在该剧中，西蒙 · 艾尔的公司在制鞋过程中分工明确，每位鞋匠只负责在一批鞋子（例如 10—12 双）中的每一只鞋上完成一道工序，然后将这批鞋交给下一位鞋匠进行下一道工序。

19 世纪中期之前，英格兰经历的发展包括：与一些鞋匠签订了制作靴子的合同，例如为内战提供靴子；1746 年，建立了乡村鞋子仓库，存储不同来源的鞋子。然而，在大多数城镇，鞋子仍由在家中工作的外包工人制作。制造商会监督他们，并将鞋子集中存储在仓库。随着新型大型机器的引进以及工厂的建立，这种运作方式发生了改变。

从美国出口到欧洲各地的胜家缝纫机，是这一时期出现的新机器之一。这种缝纫机最初只用于缝制布料，1856年经过改进后可以用于缝制皮革，因而可以用来缝合鞋面。鞋匠们抗议说，机器无法精准复制他们的手艺，但根本无人理睬。1864年，另一款美国出口的布莱克缝纫机能缝合鞋底和鞋面。

胜家缝纫机可以在家中使用，但布莱克缝纫机不可以。布莱克缝纫机不但价格昂贵，而且又大又重，普通人家中根本放不下，此外它需要动力才能运转。工厂主不仅有资金支持，有完备的基础设施来安置这种机器，还有空中传送带提供动力；传送带最初由蒸汽驱动，后改用电力。正是这种缝纫机迫使鞋匠们进入工厂工作。

努力适应

从在家里工作到去工厂工作的过渡并不顺利。骄傲的工匠们不愿失去自主权和独立性。许多人为了适应固定的工作时间、受人监督的工作环境和完全不熟悉的工厂环境，吃了不少苦头。随着制造商与雇员越来越疏远，工作关系也发生了变化。制造商是商人，并不是手艺人，所以不太能理解工人们的需求。

“无论是吃饭、睡觉还是坐在炉火旁，你不会再闻到原料的味道。”
——来自曼菲尔德工厂的呼吁

尽管工人们对这些变化持怀疑态度，但工厂主和卫生官员们推动了从家庭作坊向工厂机械化的转变，他们声称工厂将是“健康、宽敞、通风良好的工作场所”。

FIRST CLASS

STATEMENT OF WAGES,

AGREED UPON BY THE FOLLOWING

Masters and the Native and Setlers' Society of Cordwainers,

IN THIS CITY,

JULY, 1858.

Messrs. W. & T. SLADE, 92, High Street, Worcester, and 12, Promenade Villa, Cheltenham,
M. WEAVER, Foregate, Worcester,
JOSEPH TYLER, St. Martin's Gate,
J. W. ASTLES.

MEN'S CLOSING.

	s.	d.
Jack Boots	8	0
Jockey Boots	6	6
Topping or False Tops	2	0
Enamel Hide Napoleons	7	0
Ditto without back straps	6	0
¾ Boots, lined	6	6
Patent Wellingtons	6	0
Ditto Short Wellingtons	5	0
Morocco Leg Wellingtons, Plain Calf Fronts	4	0
Plain Wellingtons	3	3
Short Wellingtons	2	9
Men's Balmorals with Toe Caps	3	6
Ditto not lined, ditto	3	3
Button or Spring Boots	3	3
Spring Boots, False Button Pieces	3	9
Ditto if more than 4 Buttons	4	0
Albert Spring Boots	3	0
Goloshed Shooting Boots	3	0
Lace Boots, water-tight Tongues	3	6
All Calf Spring Boots	2	3
Patent Oxfords, stabbed twice	2	6
Plain Closed Oxfords	1	8
If laid on and stabbed one row	1	6
Plain Galoshed Oxfords	1	9
Front Spring Shoes, with one Seam	1	2
Ditto Side Seams	1	6
Buckle Clarence	2	0
Grecian Clarence	1	9
High-top Shoes, Double-backs	1	3
Ditto Counters, stabbed	1	5
Side Lace Clarence	2	3
Button Shoes, patent fronts	2	0
Patent Calf Alberts, with Springs	1	4
Plain Calf Alberts, with Springs	1	2
Cloth Boots, Galoshed Calf	1	6
Albert Slippers	0	8
Tie Shoes, lined with Silk	0	9
Ditto Plain	0	8
Cambridge Tie Shoes	1	2
Side Spring Oxfords, closed	2	0
If laid on and stabbed one row	1	9
Adelaide Clogs	0	8
Tie or Buckle Clogs	0	6

WOMEN'S CLOSING.

	s.	d.
Women's Balmorals, Patent Galoshes and Toe Caps	3	4
Ditto, Plain ditto	3	0
Women's Galoshed Spring Boots	3	0
Ditto Button Boots	2	9
Fancy Toe Caps on Spring and Button Boots	0	4

STABBING.

EXTRAS ON CLOSING.

	s.	d.
Countering old Jockies	0	9
Patent Countering	0	6
Plain ditto	0	6
Extra Countering	0	8
Blocking Patent or Jockey Tongues	0	3
Patent or Enamel Hide Galosh on all Men's Work	0	3
Strapping	0	6
Double Welts	0	6
Pieced Tops	0	3
Turn-over Tops	0	4
Front and back Straps on Spring or Button Boots	1	0
Back Straps only	0	3
Spring Boots, false Lace-up	1	3
If to instep, including eyelets	1	0
Shoes with false Lace or Button Pieces ditto	0	6
Toe Caps, fancy stabbed	0	5
Ditto plain	0	3
Ditto if beaded	0	1
Padding	1	3
New Springs in Old Boots	1	6
Ditto in Fronts of Shoes	0	8
Ditto in side Spring Shoes	0	9
Cloth quarters in Balmorals	0	3
Stabbing round the side of Jockey Tops	0	2
Men's Circulars and Stiffenings	0	9
Panis Corum	0	2

BOYS' CLOSING.

	s.	d.
Wellington's, 1 to 3	2	9
Ditto, 4 to 5	3	0
Short Wellingtons, 1 to 5	2	3
Footing ditto, 1 to 3	1	3
Ditto, ditto, 4 to 5	1	4
Button or Spring Boots, 1 to 2	2	0
Ditto ditto 2 to 3	2	4
Ditto ditto 4 to 5	2	6
Buckle Clarence, 1 to 2	1	2
Ditto ditto 3 to 5	1	6
High Top Shoes, 1 to 3	0	10
Ditto ditto 4 to 5	1	1
Tie Shoes Closed and Lined, 1 to 3	0	5
Ditto ditto 3 to 5	0	6
Boy's lace boots, cap'd toe, 1 to 2	2	2
Ditto ditto 3 to 4	2	6
Ditto ditto 5	2	9

MEN'S MAKING.

	s.	d.
Jockey Boots	5	4
Dress Boots Patent	6	0
Ditto, Footing	5	6
Enamel Hide Napoleons	6	0
Plain Wellingtons	5	4
Ditto, Footing	5	0
Patent Short Wellington's	5	3
Plain Calf ditto	4	9
Button or Spring Boots	3	6

MEN'S MAKING—*continued.*

	s.	d.
Plain Oxfords	3	3
Patent ditto	3	6

Plain Seats on Long and Short Boots Sixpence less.

EXTRAS ON WELLINGTON'S.

	s.	d.
French Corks	2	6
Inside ditto	1	0
Spur Boxes	1	0
Middle Soles	1	0
In-sole Runners edge, not to exceed ⅜-inch	0	6
Bevel edge Clumps	1	6
Nailing all round, if filed off	0	4
To Toe and Joint	0	3
Impelia Socks	0	6
Gutta Percha in bottoms	0	2
Heels, 1½-inches high extra	0	3

EXTRAS ON SHORT WORK.

	s.	d.
Middle Soles	0	8
In-sole Runners edge, not to exceed ⅜-inch	0	4
Toe Caps	0	3
Bevel edge Clumps	1	0
Panis Corum	0	2

All other Extras the same as long work.

BOYS' MAKING.

		s.	d.
Long Wellingtons	1	2	9
Ditto	2	3	0
Ditto	3	3	3
Ditto	4	3	9
Ditto	5	4	3
Short Wellingtons	1	2	6
Ditto	2	2	9
Ditto	3	3	0
Ditto	4	3	3
Ditto	5	3	9
Oxford Shoes	1	2	0
Ditto	2	2	2
Ditto	3	2	4
Ditto	4	2	6
Ditto	5	2	9
Extra on leg		0	2

REPAIRING.

	s.	d.
Wellingtons Soled, heeled and Welted	2	6
Ditto Soled and Heeled	1	6
Ditto Heeled	0	6
Shoes Soled, Heeled, and Welted	2	0
Ditto Soled and Heeled	1	2
Ditto Heeled	0	4
Vamping Wellingtons	0	6
Ditto, Short Work	0	4

WOMEN'S MAKING.

SEW ROUNDS.

	s.	d.
Morocco, Patent, or Stuff	1	3
Black Satin	1	6
White ditto	1	7
White Kid	1	7

MEN'S PUMPS.

	s.
Albert Military Heels	2
Ditto Stitched Waist	3
Ditto Seat 2s. if black waist	2
Albert Slippers, 2s. if black waist	2
Seal Slippers 1s. 8d., if Black waist	1
Ditto Sew Rounds	1
Men's Work Slippers Seats	1
Ditto ditto ditto Sew Rounds	1
Patent Calf Pumps	2

EXTRAS ON WOMEN'S WORK.

Top-piece or Raised Heel	0
Ditto ditto extra lift	0
All above Top-piece, and lift, paid as Military Heel	0
Waterproof Soles	0
Black Bottom	0
Coloured Leg	0
White Jean the same as White Sati	
Fur or Lamb Wool Lining	0
Flannel Lining	0
Bronze or Colour Shoe	0
Silk Boot Leg	0
Ditto Shoe	0
Wadded Socks	0
Ditto if sewn in	0
Impelia Socks	0
Fastening Shank	0
Front or side Spring on all Pump work	0
Stocking Leg	0
Bespoke on all work given to Women's Men	0
Bevel Edge	0
Clump, inside or out	1
Ditto middle sole	0
Inside Cork	0
French Waist	0
Balmoral Toe Cap	0
Button Shoe	0
Heel Pins or Stoppings	0
Panis Corum	0

BOYS' PUMP WORK

Military Heel Pump, 1 to 2	1
Ditto ditto 3	2
Ditto ditto 4	2
Ditto ditto 5	2

Fourpence less made seats.

Patent Pumps, 13 to 1	1
Ditto ditto 2 to 3	1
Ditto ditto 4 to 5	1
Clog Pumps	1

GIRLS' MAKING.

Welts, 1 to 6	0
Ditto 7 to 10	1

1858 年，经城市鞋匠师傅和本地制鞋业者一致同意商定的一级工资表。

1828年，一只黑色男式漆皮军装鞋，方鞋头呈鸭嘴型，长鞋舌上系有鞋带。鞋内衬垫的标签上写着“贝沃（Baywall），都柏林”，鞋内还有“81028少尉诺伯里（Norbury）”字样。

鞋厂一览

欧洲各地鞋厂的发展历程都相差无几。鞋厂的面积需要容纳制作一双鞋的大约 200 道工序。总体来看，鞋厂都是多层的建筑，为了利用自然光照明，窗户开得也很多。各部门分散在楼内各自的区域或不同的楼层。美国在技术发展上领先于其他各国，所以其他国家的机器都是从美国进口的。

裁皮车间一般位于鞋厂的较高楼层，而缝合车间一般在裁皮车间的楼下。需要使用重型机械的工序一般在一楼。此后，制靴业和制鞋业一般分为如下以工序划分的部门。

裁皮车间

裁皮工是鞋匠中比较体面的工种，他们使用尖利的刀从珍贵的上等皮革上切割出鞋面所需的材料。完成这项工作需要注意力非常集中，因而要求工作环境十分安静，整个车间只能听到刀刃刺入皮革以及划过皮革下面垫着的木质裁断板所发出的声音。这一工序需要高度熟练的工人来完成，而裁皮工的英文 clicker 一词也是源自车间里的声音。

缝合车间

传统上的缝合一般是由鞋匠的妻子完成的，因此缝合车间自然而然成了女性的天地。缝合车间收到由裁皮工裁好的鞋面材料，由大约 30 名操作工着手完成大量的工序之后，才能开始缝合。这些工序包括标记缝合线和“铲皮”（把皮料边缘处铲薄以便于缝合）。接下来是标记衬里，包括在鞋帮衬里处标记尺码、配件、鞋楦和货号。其他工序还包括装饰性的打孔、制作锯齿边、饰边、滚边和嵌入鞋眼。以标准的工厂工作时间来计算，缝合车间的女工工资是每周 9—18 先令（42.50—95 英镑或 72—144 美元），工资是“按件计酬”，即每生产一件产品工人所得的报酬是固定的。

初加工车间

该车间处理的部件通常被称作“底部材料”，包括鞋跟和鞋底的裁制，以及鞋子制作完成后肉眼看不见的部分，比如沿条。“初加工”可能无法清楚表明制作鞋底所涉及的技能，但它仍是一项需要技术的工作。

1900年左右，北安普敦曼菲尔德父子工厂的缝合车间。

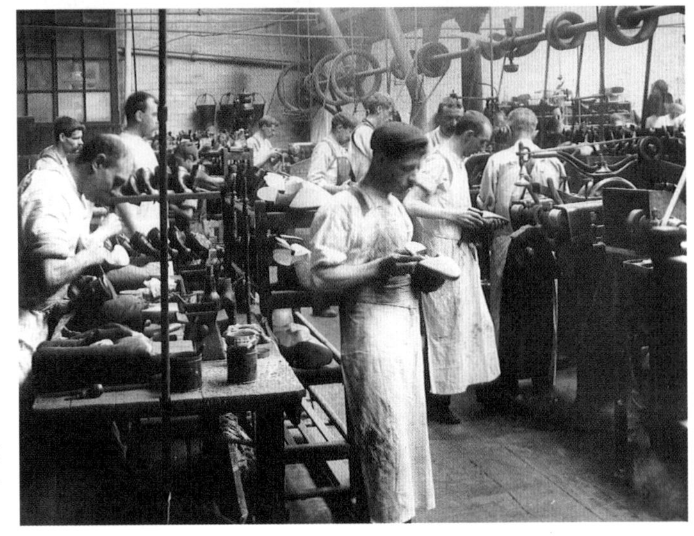

1900年左右，北安普敦曼菲尔德父子工厂的制鞋车间。

制鞋或上楦车间

在这个车间里，鞋底与鞋帮被一个足状鞋楦连接在一起，鞋内底被平头钉固定在鞋楦上。一台机器将潮湿的鞋面抻开后套在鞋楦上，然后鞋面被平头钉钉在鞋内底上。鞋面与鞋楦紧紧贴合，风干后可保持鞋子的形状。沿条是一条狭窄的皮革，分别与鞋内底和鞋帮缝在一起。为了平整凹凸不平的鞋底面，鞋底被填充了树脂与软木的混合物。之后再加上鞋头衬、鞋底主跟和鞋底勾心。接下来，用布莱克缝纫机把鞋底和鞋面缝合在一起，缝线穿过沿条后藏在鞋底的沟槽内。最后用钉子把鞋跟固定好。

后期处理车间

后期处理工完成修饰、磨平以及鞋跟的着色与抛光等工序。这一时期，后期处理的工序众多，而且越来越复杂，因而后期处理车间是最后实现机械化的区域。后期处理包括将衬垫放入鞋内以遮住鞋内底，添加装饰，穿好鞋带以及在鞋上配置尺码信息和其他标签。

20 世纪初，后期处理车间用机器来处理鞋跟和边角，打磨鞋底毛边，清洗鞋底以及平整鞋跟和鞋底。以上由机器完成的工序之前都由手工完成。

包装车间

所有工序都完成之后，鞋子被运送到包装车间进行最后的检查和擦拭，然后才装进鞋盒。随后鞋子会被运往全国各地，或出口到世界各地。

1900年左右，北安普敦郡凯特林一家鞋厂的包装车间。

1890年左右，工厂制作的男式及踝德比靴。靴跟是叠层低跟，靴头呈椭圆形并镶有一条打孔带。靴子是在风箱式鞋舌前系带的款式，共有8对鞋眼，鞋眼上穿有一根皮制鞋带。这只靴子是由北安普敦曼菲尔德父子工厂制造的。

美国的崛起

独立战争期间，美国损失了不少技术娴熟的鞋匠，导致美国本土市场鞋子短缺。与此同时，法国制鞋业蓬勃发展，开始以前所未有的规模出口。19 世纪 20 年代，法国制鞋业产量丰硕，法国成品鞋主导了英国和美国市场。

这一时期，法国出口的鞋子通常是黑色、奶油色和白色的方头平底一脚蹬款式，并配有丝带做绑带。这些鞋子通常带有标明左脚或右脚的小标签或印章。由于这种款式的制作方法非常简单，法国人将数以千计的成品鞋投放市场。法国大量倾销的冲击效应对英国鞋匠尤为不利，他们的订单数量大跌，工资也降低了。唯一的解决办法是他们自己制作法式风格的鞋子。

美国制鞋业的发展

美国人也摸索出自己的解决方案。为了加快完成原来速度缓慢的生产工艺从而提高产量，美国鞋匠们不断改进生产流程，用木钉代替了传统的铁铆钉，极大地加快了制鞋过程。1968 年，艾尔·萨古托在《木鞋钉》(*The Wooden Shoe Peg*) 中写道，鞋匠“只需 7 秒钟就能钉好一只女式靴子”。此外，木钉更适合潮湿的环境，因为它们不会像铁钉那样生锈。

把鞋底和鞋跟与鞋面固定在一起时，通常采用缝合的方法，有时也用铁钉来固定，但使用木钉是最快的方法。速度快的工人使用机器制造的便宜木钉，1 天可以完成 4 双鞋的装配工作。锥形的木钉长 1.9 厘米，比木制火柴稍粗一点。年轻人只需数月就可以掌握用木钉装配鞋子的技能，这对传统的学徒制度也构成了威胁。在传统学徒制度中，学徒通过长时间的训练和经验积累，才能成为一名熟练的鞋匠。

随着工业的发展，美国人建立了不受传统禁锢的工厂，并迅速吸纳新兴的机械工艺。这意味着美国人不仅不再需要法国人，也不再需要英国

莫卡辛鞋

莫卡辛鞋是最早的鞋款之一。这种鞋子最初为北美和加拿大原住民所穿，传统上是由鹿皮制成的，通常一只鞋使用一整块鹿皮。下图这双莫卡辛鞋由软皮制成，带有丝绒翻边并饰有玻璃珠图案。女性通常会用豪猪刚毛来装饰她们制作的莫卡辛鞋。图中这双莫卡辛鞋来自北美第一民族[1]克里人（Cree），可追溯到1875—1900年之间。

约 1870—1879 年间，一只男式蟒蛇皮长筒靴，由纽约的马伦霍尔茨（Mahrenholz）制作。这只鞋可能是为 1876 年在费城举行的百年庆典博览会而制作的。

人。大英帝国在维多利亚女王的统治下发展壮大，鞋匠们有机会向加拿大、南非和澳大利亚的新兴市场出口鞋子，但他们无法与迅速变革的美国同行竞争。以一箱 12 双鞋子计算，1893 年英国从美国进口了 2098 箱鞋子。1905 年，美国制鞋业处于鼎盛时期，英国进口了 90239 箱鞋子。相比之下，英国从 1911 年才开始向美国出口鞋子，出口量也仅有 33848 箱。

1901 年，美国马萨诸塞州林恩的桑果鞋业（Sorosis Shoes）产品目录上的广告。

斯帕克斯·霍尔靴

19 世纪初，女士们穿丝绸或绸缎制成的平底无带鞋。这些鞋子虽然漂亮精致，但在久坐不动的生活之外并不实用。19 世纪 50 年代，女士们像男士那样钟情于靴子，而各类靴子中最受欢迎的是源自英格兰的弹性侧带短靴。

早期款式

1837 年，约瑟夫·斯帕克斯·霍尔（Joseph Sparkes Hall）在做了大量试验之后，向英国维多利亚女王献上了第一双配有侧边拼接的短靴。拼接部分是由纱包黄铜小弹簧制成的，有类似松紧带的效果。这双靴子是弹性侧带短靴的早期版本，弹性侧带短靴在美国被称作国会靴或加里波第靴。这种靴子紧包脚踝，可以相对轻松地穿脱。事实证明，黄铜弹簧的效果简直糟糕透顶，但斯帕克斯·霍尔最终找到了一个令人满意的解决方案，即使用弹性宽带。

1847 年，斯帕克斯·霍尔在他撰写的《足之书》（*The Book of the Feet*）中写道：“我的第一批试验失败了……我能找到的任何材料都不具备我所需要的弹性。”他后来记录道：“用金属丝和印度橡胶进行了几次试验后，我终于找到了我所需要的那种弹性材料。”

王室认可

那双呈献给维多利亚女王的靴子颇受好评，女王经常穿。女王的认可使得这种款式受到了更大范围的欢迎。斯帕克斯·霍尔写道：“女王陛下每天都穿着它们，有力地证明了她对这种新款式的重视。”

1846年，斯帕克斯·霍尔靴非常流行，男女老少都穿。斯帕克斯·霍尔又开始推广一款“黑色漆皮鞋头搭配布面”的靴子。这款靴子仿效当时流行的鞋款：方形鞋头、平底及后来的叠层低跟。

“这双靴子是我穿过最舒适的鞋子。你只需取一个好听的名字，如果你愿意的话可以叫它们懒人靴，再翻译成希腊语，然后全世界都会争相购买这种靴子，你就发财了！”

——一位满意的顾客

1863—1869年间，一双黑色女式弹性侧带短靴，鞋头是漆皮方头，鞋面是丝质织物。这双靴子高度及踝，侧面带有U形弹力拼接，靴筒前后都有拉带，方便穿上靴子。靴内的标签写着“摄政街308号约瑟夫·斯帕克斯·霍尔”。

女靴

维多利亚女王接纳了斯帕克斯·霍尔靴之后，19 世纪下半叶涌现了几款专为女性设计的新款靴子。

1859 年，美国版《美好社会的习惯：绅士与淑女手册》（*Habits of Good Society: A Handbook for Ladies and Gentlemen*）一书写道："人们过去认为，除摩洛哥薄羊皮鞋和非常轻便的靴子之外，穿其他鞋走路十分不雅……维多利亚女王已经穿上了巴尔莫勒尔裙……她还大胆地搭配了巴尔莫勒尔靴……穿上这些……这位出身高贵的女士终于能像她的臣民一样，愉快又安全地出门走走。"

阿德莱德靴是此前流行的款式。阿德莱德靴是平底的侧系带靴，搭配布料鞋面，漆皮鞋头。19 世纪 40 年代，弹性侧带短靴取代了阿德莱德靴。当时钢圈衬裙非常流行，穿这种裙子走路，裙摆会摇曳，脚踝会露出，靴子因而成了衣橱里的必备品，它们可以保护女性的脚踝免遭暴露。

从 19 世纪 60 年代开始，前系带的巴尔莫勒尔靴成了人们的首选，这种靴子是内耳式的踝靴，鞋身分为上下两个部分。这种款式的流行和命名源自 1852 年，当时维多利亚女王刚买下苏格兰的巴尔莫勒尔堡。有人说这种款式始于阿尔伯特亲王，据说他喜欢这种款式的瘦脚效果。1862 年，维多利亚女王宣称："这种由小山羊皮制成、白线缝制、前系带或系扣的秀气靴子，才是最有品位的选择。"

纽扣靴

在许多人心中，能代表这一时期的靴子当属经典的纽扣靴。对精英阶层而言，纽扣靴是一款配有扇形纽扣孔边的踝靴，既优雅又合脚。对不太富裕的阶层而言，纽扣靴是一种直上直下的长筒靴，更为实用。

不论是什么样式的纽扣靴，穿靴子的人都需要一把纽扣钩才能将纽扣拉过鞋眼。纽扣钩是一种钢制条状物，一端是钩子，另一端是手柄。使用者将这种工具插入鞋眼并钩住纽扣，然后把纽扣拉过鞋眼。每只靴子最多有 25 颗纽扣，这种款式的靴子十分整洁。有钱人当然会雇用女仆来帮他们系好靴子上的每一颗纽扣。

美国的发展

美国女性穿靴子要比欧洲女性晚一些。虽然 19 世纪 40 和 50 年代早期的靴子鲜见留存至今，但在美国仍可以找到巴尔莫勒尔靴、侧系带和前系带的靴子以及斯帕克斯 · 霍尔靴（也被称作国会靴或加里波第靴）。

1903 年，凯利公司（Kelly & Co）产品目录中的一则广告，该公司位于伦敦牛津街 59 号。

1910 年左右，麦卡尔平公司（McAlpin & Co）产品目录中的一则广告，该公司位于印度孟买，主要生产民用和军用靴子。

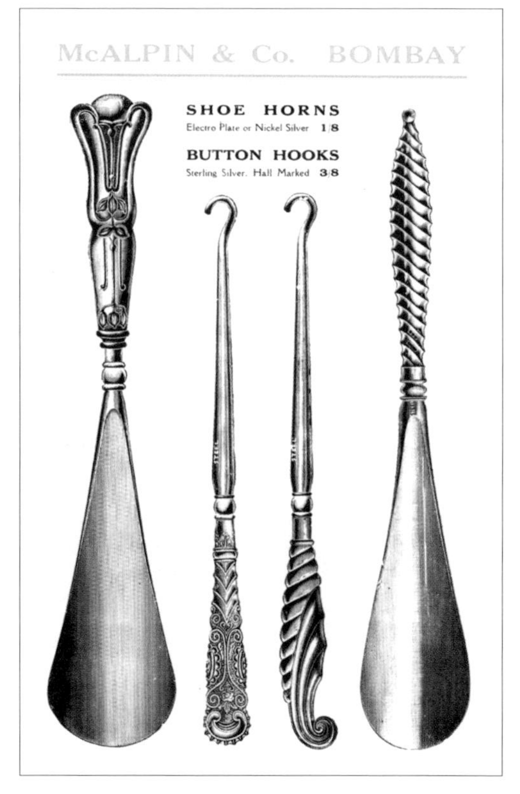

一双时髦的女式小山羊皮纽扣靴，筒高至小腿，每一只靴子上有 18 颗纽扣。这双靴子于 1920 年左右制作于奥地利维也纳，是效仿 19 世纪中期的款式。

1835—1860年间，长筒裹腿靴非常流行，这是一种配有皮革拼接的侧系带布面靴子。拼接是美国术语，特指一块覆盖鞋靴后跟或鞋头的皮革。长筒裹腿靴之所以得名，是因为皮鞋头和皮后跟让靴子看起来像极了长筒护腿。长筒裹腿靴最初指的是一种侧系带的款式，后来则是指19世纪40年代末出现的配有弹性侧带的靴子。19世纪60年代，人们外出步行时穿着前系带的皮靴，后来穿着纽扣靴。正如美国时尚杂志《德莫雷斯特月刊》（*The Demorest's Monthly*）1883年所言："纽扣靴是鞋靴王国毋庸置疑的统治者。"

宫廷鞋

这一时期不仅女靴的产量惊人，新款的鞋子也有所发展。19世纪上半叶，平底方头的简约丝带鞋盛行一时，这种款式逐渐演变成我们现在所说的宫廷鞋。

宫廷鞋的鞋头形状最初是方形的，鞋口也比较浅，但随着时间的推移，鞋头逐渐变得更尖。19世纪50年代，宫廷鞋的鞋跟一直比较低。19世纪60年代，宫廷鞋的鞋跟高达6.35厘米。

鞋面装饰

19 世纪 70 和 80 年代，裙子的前襟更贴近身体，所以鞋头和鞋面更加惹人注意。鞋子因而呈现出抽绣、刺绣、镶嵌和蝴蝶结等更多的装饰细节。

鞋面上的装饰元素包括玫瑰花结和蝴蝶结。1863 年左右，多层多瓣的费内隆花结尤为流行。鞋面有时十分朴素，只饰有一个小带扣。在美国，宫廷鞋也被称作浅口鞋或便鞋。美国晚装便鞋的鞋口越来越深，延伸到脚面，直至盖住了脚背。从 19 世纪 70 年代开始，这种款式被称为玛丽·安托瓦内特便鞋。

拉带鞋也是一种流行的款式，由多根皮革或织物制成的窄带横过脚背。这种款式白天和晚上都可以穿，也可以用玻璃或金属串珠进行装饰。1893 年，玛丽王后的远行鞋正是一款青铜色的小山羊皮拉带鞋，鞋面上饰有用暗金色刺绣线绣制的图案。

青铜色的小山羊皮无带低跟鞋也十分常见，鞋面上还饰有撞色的丝绸刺绣。1855 年，美国《戈迪女士手册》推荐了一款“青铜色小山羊皮便鞋，鞋上饰有蓝色丝绸和用链形针法制成的贴花以及蓝色的缎子蝴蝶结”。

更结实的女鞋

整体来看，女鞋仍不实用，既不适合在室外穿，也不适合在天气恶劣时穿。19 世纪 60 年代，女性渴望拥有更实用、更耐穿的鞋子。1867 年，《英国女士杂志》（*English Woman's Magazine*）指出：“女士们选择了厚底的靴子和鞋子，不再青睐 40 年前的‘牛皮纸’鞋底，这种选择十分明智。”

19 世纪 50 年代，一双宫廷风格的女式绸缎鞋，鞋面上配有装饰性的带扣。这双鞋由伦敦的帕蒂森（Pattison）制作。

19 世纪六七十年代的一双女式宫廷鞋，鞋面由基里姆织物制成，并饰有玫瑰花结，鞋口配有皱褶饰边。

发明与创新

19 世纪上半叶拿破仑战争期间，机器被用来制造急需的军靴。随着工业化的推进，制造商们开始进一步挖掘已有技术的潜力。这一时期的发明和创新推动了各种新材料的发现和使用，以及先进制造工艺的发展。

铆接和钉鞋

法国出生的工程师马克·伊桑巴德·布鲁内尔（Marc Isambard Brunel），是伟大的英国工程师伊桑巴德·金德姆·布鲁内尔（Isambard Kingdom Brunel）的父亲。早在 1810 年，马克就为一种鞋底铆接机器申请了专利，这种机器可以轻松地铆接鞋底。他多才多艺，与制鞋业的短暂交集可能与其 1809 年在英格兰南部海岸城市朴次茅斯的一段往事有关。拿破仑战争期间，幸存的士兵在科伦纳之战（Battle of Corunna）后下船上岸，他留意到“有的士兵在伤痕累累的脚上裹着脏兮兮的破布，有的士兵脚上穿的破鞋根本无法遮蔽他们的双脚”。于是，马克在伦敦巴特西开了一家工厂，用机械生产线为英国军队生产靴子。

1853 年，英国莱斯特的托马斯·克里克（Thomas Crick）发明了一种更快速、更经济的铆接方法，并申请了专利。克里克的方法是给木制鞋楦装上铁板，然后使用铁铆钉代替木钉将鞋底固定在鞋面上。恰逢1853—1856年的克里米亚战争，克里克的发明大获成功，提高了军靴的产能。

1833年，美国马萨诸塞州丹弗斯的塞缪尔·普雷斯顿（Samuel Preston）为他的木钉装配机器申请了专利。从19世纪40年代开始，采用木钉装配的鞋子在美国迅速发展起来。1870年1月的《圣克里斯宾》声称，采用木钉装配的鞋子通常被认为是“彻头彻尾的美国发明”。

压条配底法

1860年，杰伊斯（Jeyes）为外凸缘鞋面缝合注册了专利，即著名的压条配底法。压条配底法也被称作外翻配底法，历史悠久，曾被用于制造中世纪波兰那鞋的尖鞋头。这种工艺起源于南非，是将鞋面向外翻，在底部边缘形成一个凸缘，然后把凸缘缝合到鞋底或中底上。在1899—1902年间的布尔战争中，压条配底法这一术语被引入英国，因为当时与英军交

1883年左右，帕尔默鞋店（Palmer Shoe Store）精品鞋目录中的一页。该鞋店位于美国缅因州波特兰国会街541号，经营者是尼尔森（Nelson）和萨金特（Sargent）。

战的荷兰裔南非白人穿着不用一钉的生皮鞋。如今，人们在制作体育运动和户外活动使用的鞋靴时，仍常采用压条配底法，因为这种工艺的防水性能更好。

技术里程碑

1830 年	印度橡胶被引进，印度橡胶鞋底和弹性圈随之出现，丝带和橡胶套鞋停止使用。
1823 年	托马斯·罗杰斯获得金属鞋眼的专利。金属鞋眼用于制作紧身胸衣，紧身围腰，当然还有靴子。
19 世纪 60 年代	用于加固鞋底的金属鞋底勾心出现了。
1865 年	鞋带挂钩获得专利。
1865 年	植鞣绒面革开始使用，这种皮革是绒面革的前身。
1885 年	方格粒纹小牛革开始投入使用。经过铬盐处理后，方格粒纹小牛革的纹理十分细密。

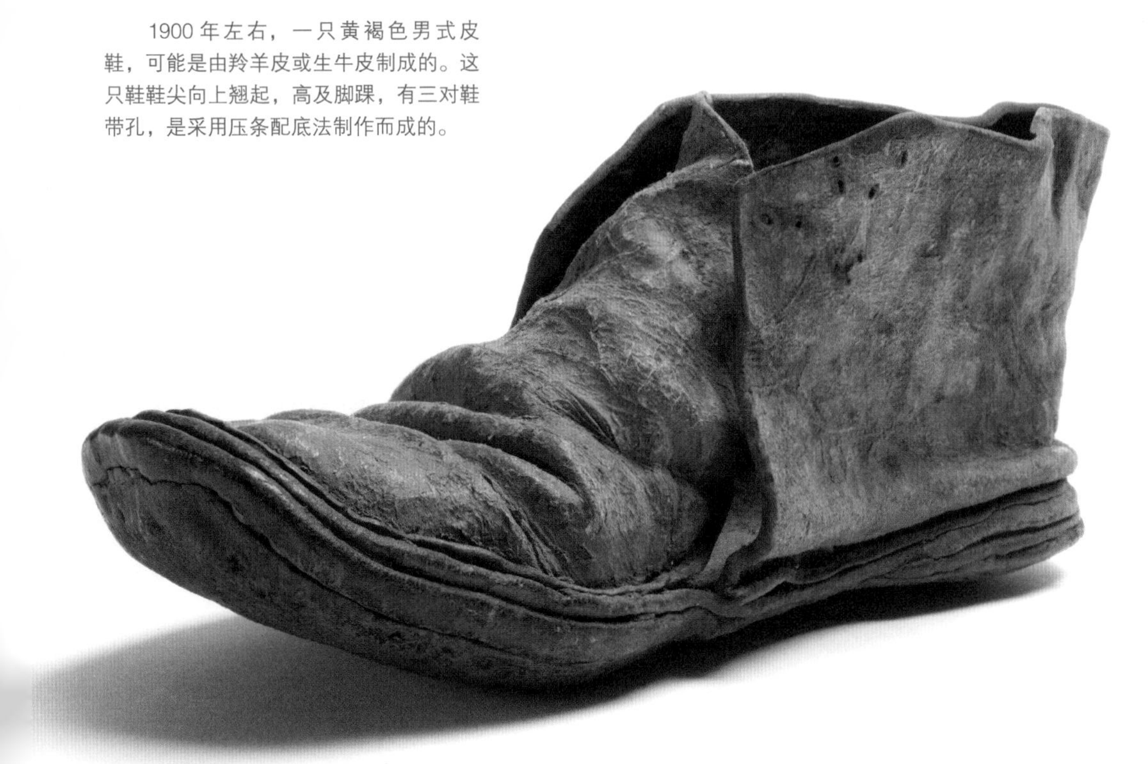

1900 年左右，一只黄褐色男式皮鞋，可能是由羚羊皮或生牛皮制成的。这只鞋鞋尖向上翘起，高及脚踝，有三对鞋带孔，是采用压条配底法制作而成的。

被藏起来的鞋子

被藏起来的鞋子是被故意藏在建筑物里的。这种古老的做法引发了许多无法回答的问题，但也有人认为压根不需要考虑如何回答这些问题。对许多人来说，被藏起来的鞋子仍是一个具有吸引力的话题。被找到的鞋子大多来自社会中比较贫穷的群体，这一发现对社会历史学的学生而言非常重要，因为被找到的鞋子是很少以其他形式留存下来的鞋子。

在老旧建筑的施工和翻新过程中常能发现破旧的鞋子，它们常出现在建筑的框架结构中，后来屡次的房屋施工将它们越藏越深。烟囱内、墙壁内、地板下及屋顶是最常见的藏鞋地点，其他常见的藏鞋地点包括用砖砌的炉灶以及房门和楼梯间周围。

神秘起源

没有人知道藏鞋的传统究竟从何而来。也许人们认为一

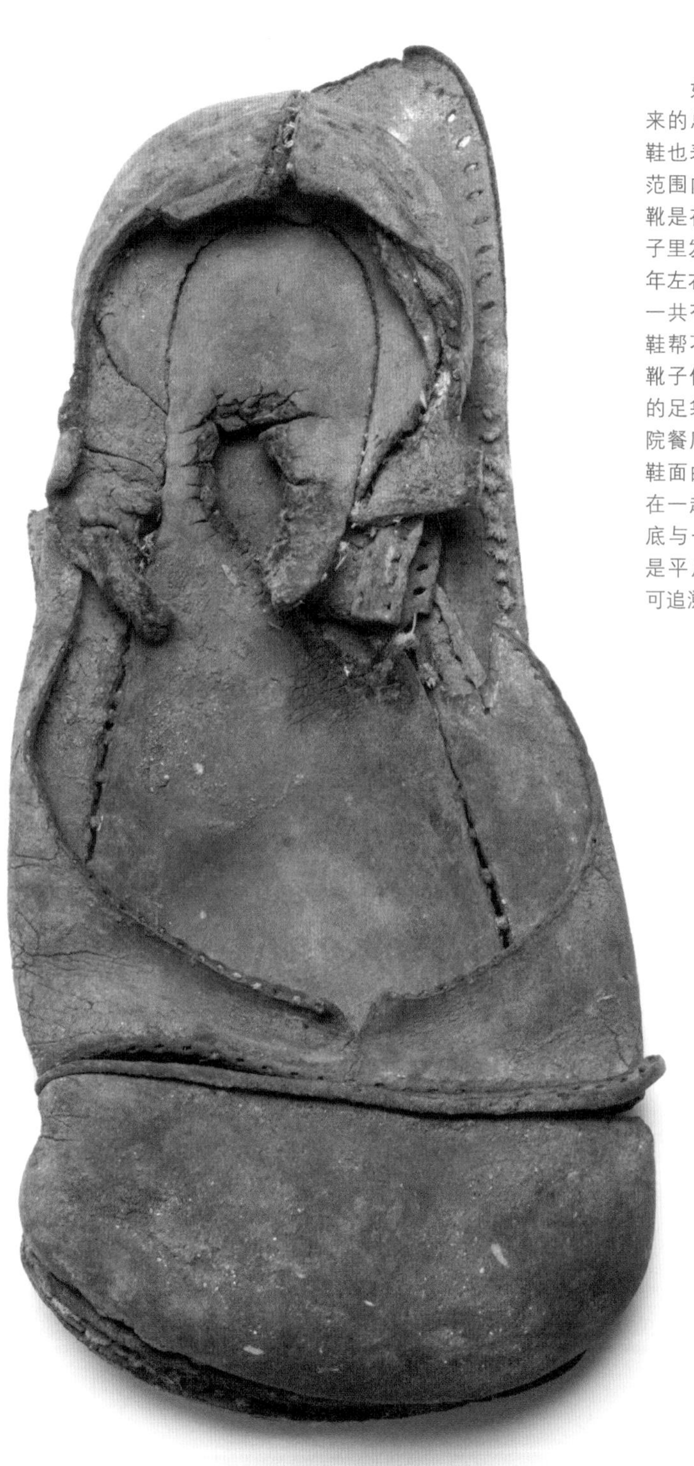

如图中的两只鞋所示，被藏起来的总是比较破旧的鞋子。这两只鞋也表明，藏鞋的做法是一种世界范围内的悠久传统。图左的儿童踝靴是在美国宾夕法尼亚州的一栋房子里发现的，其历史可追溯至 1860 年左右。这只踝靴是前绑带的款式，一共有 6 对鞋眼。虽然它的大部分鞋帮不复存在了，但仍能看出这只靴子使用了翻鞋的制作工艺。图右的足袋鞋被藏在牛津大学圣约翰学院餐厅的天花板上。这只足袋鞋的鞋面由两部分组成，鞋头和鞋面缝在一起，鞋底采用了沿条结构将内底与一片式外底缝合，没有鞋跟，是平底的款式。这只鞋十分古老，可追溯至 1540 年左右。

双旧鞋可以呈现穿鞋人的精髓，因为随着时间的推移鞋子变成了主人脚的形状，还保留着主人的灵魂。或许留在鞋子中的善良灵魂，可以驱除那些想要伤害房屋居住者的恶灵。超过四分之一的鞋子被藏在烟囱和炉灶中，藏鞋的位置似乎表明：鞋子不但保护家中的关键区域，而且在家中的“薄弱环节”充当屏障，防止恶灵进入家中。

人们有时还发现鞋子与其他物品藏在一起，例如衣物、骨头、纸张、硬币和大理石。但为什么要藏鞋呢?

绝大多数藏起来的鞋子都来自劳动阶级，这可能是把鞋子藏起来的原因。几个世纪以来，家庭购买的衣物中最昂贵的便是鞋子，鞋子对劳动阶级来说格外珍贵。此外，被藏起来的鞋子大多是童鞋。人们认为童鞋中的灵魂更纯洁、更强大，藏起来能产生更好的保护效果。

未解之谜

目前还未发现任何书面证据能解释藏鞋的传统，因此仍有解读的空间，但还有许多问题没有答案。是房屋最初的居民把鞋子藏起来的吗？或许有这种可能，但被藏起来的鞋子极少能追溯到房屋建造之初的年代。更有可能的是，在后来的修葺施工过程中，工匠或建筑工人发现了适于藏鞋的位置，于是便把鞋子藏起来了。为什么大多数情况下，被藏起来的都是单只鞋（尽管它们可能是很多只单只鞋在一起）？另一只鞋在哪里？难道只藏一只鞋，留下另一只鞋吗?

英格兰的北安普敦艺术博物馆（Northampton Museums and Art Gallery）记录了被发现的鞋子。它们不仅来自英国各地，还来自遥远的美国、加拿大和澳大利亚等国家，移民把藏鞋的传统带进了这些国家。

牛津鞋和德比鞋

与女士的时尚潮流一样，男靴在 19 世纪非常流行。但 19 世纪 40 年代左右，出现了两种经典款式，即牛津鞋和德比鞋。时至今日，许多不同款式的男鞋和女鞋都是从这两种款式发展演变而来的。

牛津鞋

牛津鞋是内耳式的系带鞋，内耳式款式的鞋眼片是缝在鞋面之下的。虽然有资料表明牛津鞋最早见于苏格兰和爱尔兰，但牛津鞋的起源仍不甚明了。1825 年，男式牛津中筒靴出现了。牛津中筒靴起初带有侧开口，后来发展为侧系带，再后来又演变成前系带。牛津鞋的名字源于英国的牛津大学，因为早在 19 世纪上半叶，牛津大学的学生普遍穿这种款式的鞋子。1846 年，约瑟夫·斯帕克斯·霍尔在《新月刊》（*The New Monthly Magazine*）中写道："正装浅口鞋是如今唯一流行的款式，而牛津大学学生所穿的鞋最适合步行，后者是有 3 个或 4 个孔眼的前系带款式。这种高帮皮鞋现在被称作牛津鞋。"

从 19 世纪 70 年代起牛津鞋在美国出现，它也被称作巴尔莫勒尔鞋或巴尔莫勒尔式鞋。美国总统托马斯·杰斐逊穿过牛津鞋，但被指责过于浮夸。意大利的贝路帝（Berlutti）被认为是 20 世纪初制作精美男式牛津鞋的高手。同样来自意大利的加托（Gatto）曾于 20 世纪初制作过布洛克牛津鞋，他制作的鞋子可以在美国的大型鞋店买到，其中包括成立于 1892 年的富乐绅[2]。

德比鞋

德比鞋是一种系带的靴子或鞋子，是鞋眼片缝在鞋面之上的外耳式款式。德比鞋由布吕歇尔军靴发展而来，因此在美国有时也被称为布吕歇尔鞋。牛津鞋通常在鞋头上采用双缝合线或类似的装饰，但德比鞋通常比较简单。

“德比鞋是一种新款的系带鞋，优于牛津学生所穿的款式，因为它的接缝避开了脚的娇嫩部位。”

——《圣克里斯宾杂志》（*St Crispin's Magazine*），1872 年

作为一个鞋类的款式术语，德比首次出现在 1862 年邓克利（Dunkley）的记账簿中。当时这个术语用于描述一双侧弹簧靴，但它与我们今天所说的德比鞋没有任何联系。德比鞋在美国被称作吉布森鞋或布吕歇尔鞋，在欧洲被称作莫里哀鞋，是彻头彻尾的法国名字。

一款经久不衰的经典德比皮鞋，1992 年左右由北安普敦郡巴顿伯爵小镇巴克尔（Barker）制造。

1890—1910 年间，一款经典的牛津鞋，是德比鞋的“劲敌”。该鞋的鞋头是椭圆形的，鞋跟是叠层低跟，由伍尔弗汉普顿的克拉多克兄弟有限公司（Craddock Bros Ltd）制作。

便鞋

在这一时期的绝大多数时间里，虽然最新时尚主要聚焦室外穿的靴子，但社会礼仪需要室内鞋也做出相应的改变。对男士们和女士们来说，这意味着室内便鞋将更加流行。当时，人们最喜欢的便鞋款式之一是优雅的、露脚后跟的穆勒鞋。这种款式源自巴黎，因为 1870 年普法战争爆发之前巴黎一直是欧洲的时尚中心。

女款

此处的“便鞋”一词，并不是当今人们在寒冷冬夜所穿的那种温暖舒适的鞋子，而是一种更像闺房便鞋的室内鞋子，通常更加精致轻巧，而且极其女性化。大多数时候，便鞋是在卧室内或与家人共进早餐时穿的。因为越来越多的人穿便鞋，被誉为美国高雅品位圣经的《戈迪女士手册》于 1857 年 7 月宣称 :“穿上便鞋不仅非常舒适，而且十分优雅。为了搭配你的头等包间或旅馆房间，你最好在包里或提篮里准备一双便鞋。但是，无论便鞋多么漂亮迷人，穿着它们下火车，或在甲板上散步，其主人都可能受到无礼的，甚至是不友善的评论或批评”。

法国艺术家爱德华・马奈于 1863 年创作的《奥林匹亚》，完美地诠释了这一时期露脚跟的穆勒鞋或闺房便鞋。画中的奥林匹亚是一位裸体的妓女，除了首饰、发饰和一双穆勒鞋，她一丝不挂地仰躺在垫子上。

男款

男式便鞋也十分常见，它们更接近现代的男式便鞋，但舒适性是主要的要求之一。男式便鞋的基础款式是鞋头拼接式的无带鞋，通常采用柏林羊毛、织锦或基里姆织物。

在英格兰，这种鞋款被称作阿尔伯特便鞋（得名于阿尔伯特亲王），鞋面沿脚背方向延伸，最终在脚背上形成一个鞋舌。阿尔伯特便鞋通常由黑色天鹅绒制成，搭配绗缝衬里，皮制鞋底，象征在家放松休息。还有由柏林羊毛刺绣制成的男式便鞋，甚至可以在鞋上绣制鞋者名字的首字母。

GRAND PRIX PARIS, 1900.

MANFIELD & SONS.

The Albert Slipper.

The Albert Boot.

The Grecian Slipper.

THE ALBERT SLIPPER.

No.		Price.		
6141	Black Morocco	3/11	4/11	5/11
6142	Buff Leather	3/11	...	..
6143	Red Morocco	4/11		..
6144	Velvet, imitation worked	4/11	..	..
6145	Tan Morocco	4/11	..	..
6146	Enamelled Leather	5/11	..	..
6147	Glacé Kid, felt lined	6/11	..	..
6148	Brown Glacé Kid	7/6	..	..

THE GRECIAN SLIPPER.

No.			Price
6149	Red Morocco, with Patent Leather Facings		5/11
6150	Maroon Morocco	ditto	6/11
6151	Brown Grain Calf	ditto	8/11

THE ALBERT BOOT.

Very comfortable.

No.		Price
6152	Black or Maroon Morocco	6/11
6153	Tan Morocco	8/11

1905 年左右，北安普敦曼菲尔德父子工厂便鞋产品目录中的一页。

一只靓丽的穆勒鞋，由粉红色和奶油色基里姆织物制成，1850—1859 年间由法国巴黎的费里制作。19 世纪从土耳其和中东进口的基里姆织物是一种流行的面料，用于制作当时的鞋靴。

室外鞋

19 世纪末是男士们穿靴子参加室外活动的时期，多种款式的靴子可供有品位的绅士选择。源于 18 世纪末和 19 世纪初的威灵顿靴、海森靴和布吕歇尔靴，至此时依然很受欢迎。英国男士偏爱斯帕克斯·霍尔靴。

这一时期出现了被称作“阿尔伯特”的款式。它是一种高至脚踝、内耳式的橡胶套鞋，通常配有 5 颗纽扣，有时纽扣只起装饰作用，并配有弹性侧带或采取侧系带的方式。还有一种款式被称作高帮皮鞋。1801 年，作家罗伯特·布卢姆菲尔德（Robert Bloomfield）在他的诗作《农民的儿子》（*The Farmer's Boy*）中描述道：“（高帮皮鞋）包裹脚和脚踝的面积太大，故不能称其为鞋；但筒高又不够高，故不能称其为靴。”1807 年 3 月 25 日，他在写给朋友玛丽·劳埃德·贝克（Mary Lloyd Baker）的一封信中也提到这种款式。他写道：“高帮皮鞋和长筒靴都十分笨重，鞋跟上满是钉子。”但当时祝福某人旅途顺利时，会将一只高帮皮鞋或长筒靴扔向他。从当时的一些插图可以看到，上述款式是前系带和外耳式的款式。高帮皮鞋最初是乡下人穿的，鞋底钉有平头钉，鞋跟贴有鞋掌。靴子一般配有叠层低跟，通常 3 厘米高，鞋头又细又长。19 世纪 80 年代，尖鞋头越来越受欢迎，向上翘起的美式牙签鞋头是这一流行趋势发展的顶峰。

牛仔靴

放牧的牛仔需要一双合适的靴子，一双能很容易地蹬进马镫，而靴子的低跟又能将脚固定在马镫上的靴子，一双高至腿部、由厚实皮革制成的靴子，能保护穿鞋者免受响尾蛇和仙人掌刺的伤害，以及马鞍和马匹可能造成的擦伤。1870 年，来自堪萨斯州科菲维尔的约翰·库宾（John Cubine）在牛仔靴的最初款式上，融合了威灵顿靴与军靴的特点，创造出标志性的配有古巴跟的高帮牛仔靴。

阿尔弗雷德·J. 坎梅尔（Alfred J. Cammeyer）配图目录中的一页，他的商场位于美国纽约第六大道 161—169 号。

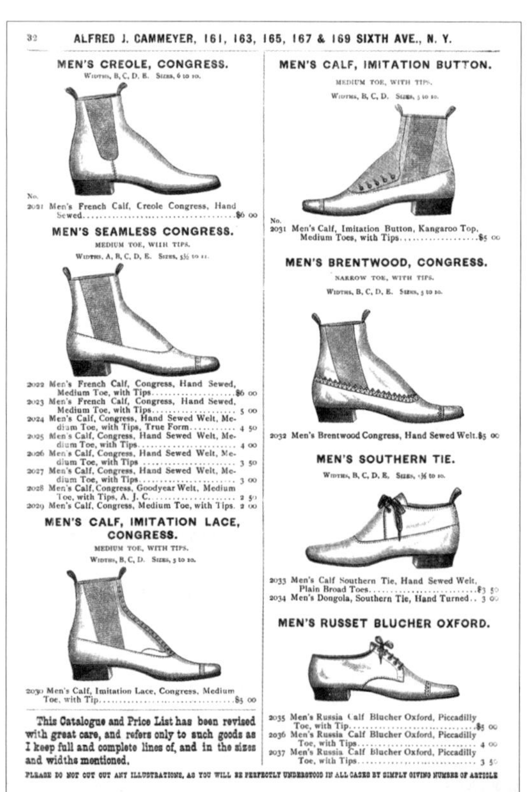

32 ALFRED J. CAMMEYER, 161, 163, 165, 167 & 169 SIXTH AVE., N. Y.

MEN'S CREOLE, CONGRESS.

WIDTHS, B, C, D, E. SIZES, 6 to 10.

No.
2021 Men's French Calf, Creole Congress, Hand Sewed....$6 00

MEN'S SEAMLESS CONGRESS.

MEDIUM TOE, WITH TIPS.

WIDTHS, A, B, C, D, E. SIZES, 5½ to 11.

2022 Men's French Calf, Congress, Hand Sewed, Medium Toe, with Tips....$6 00
2023 Men's French Calf, Congress, Hand Sewed, Medium Toe, with Tips.... 5 00
2024 Men's Calf, Congress, Hand Sewed Welt, Medium Toe, with Tips, True Form.... 4 50
2025 Men's Calf, Congress, Hand Sewed Welt, Medium Toe, with Tips.... 4 00
2026 Men's Calf, Congress, Hand Sewed Welt, Medium Toe, with Tips.... 3 50
2027 Men's Calf, Congress, Hand Sewed Welt, Medium Toe, with Tips.... 3 00
2028 Men's Calf, Congress, Goodyear Welt, Medium Toe, with Tips, A. J. C.... 2 50
2029 Men's Calf, Congress, Medium Toe, with Tips. 2 00

MEN'S CALF, IMITATION LACE, CONGRESS.

MEDIUM TOE, WITH TIPS.

WIDTHS, B, C, D. SIZES, 5 to 10.

2030 Men's Calf, Imitation Lace, Congress, Medium Toe, with Tip....$5 00

This Catalogue and Price List has been revised with great care, and refers only to such goods as I keep full and complete lines of, and in the sizes and widths mentioned.

MEN'S CALF, IMITATION BUTTON.

MEDIUM TOE, WITH TIPS.

WIDTHS, B, C, D. SIZES, 5 to 10.

No.
2031 Men's Calf, Imitation Button, Kangaroo Top, Medium Toes, with Tips....$5 00

MEN'S BRENTWOOD, CONGRESS.

NARROW TOE, WITH TIPS.

WIDTHS, B, C, D, E. SIZES, 5 to 10.

2032 Men's Brentwood Congress, Hand Sewed Welt. $5 00

MEN'S SOUTHERN TIE.

WIDTHS, B, C, D, E. SIZES, 5½ to 10.

2033 Men's Calf Southern Tie, Hand Sewed Welt, Plain Broad Toes....$3 50
2034 Men's Dongola, Southern Tie, Hand Turned.. 3 00

MEN'S RUSSET BLUCHER OXFORD.

2035 Men's Russia Calf Blucher Oxford, Piccadilly Toe, with Tip....$5 00
2036 Men's Russia Calf Blucher Oxford, Piccadilly Toe, with Tips.... 4 00
2037 Men's Russia Calf Blucher Oxford, Piccadilly Toe, with Tips.... 3 50

PLEASE DO NOT CUT OUT ANY ILLUSTRATIONS, AS YOU WILL BE PERFECTLY UNDERSTOOD IN ALL CASES BY SIMPLY GIVING NUMBER OF ARTICLE

英国国王爱德华七世的一张照片，他穿着前系带踝靴和灯笼裤。1892 年 1 月 1 日，唐尼兄弟（W & D Downey）拍摄了这张照片。

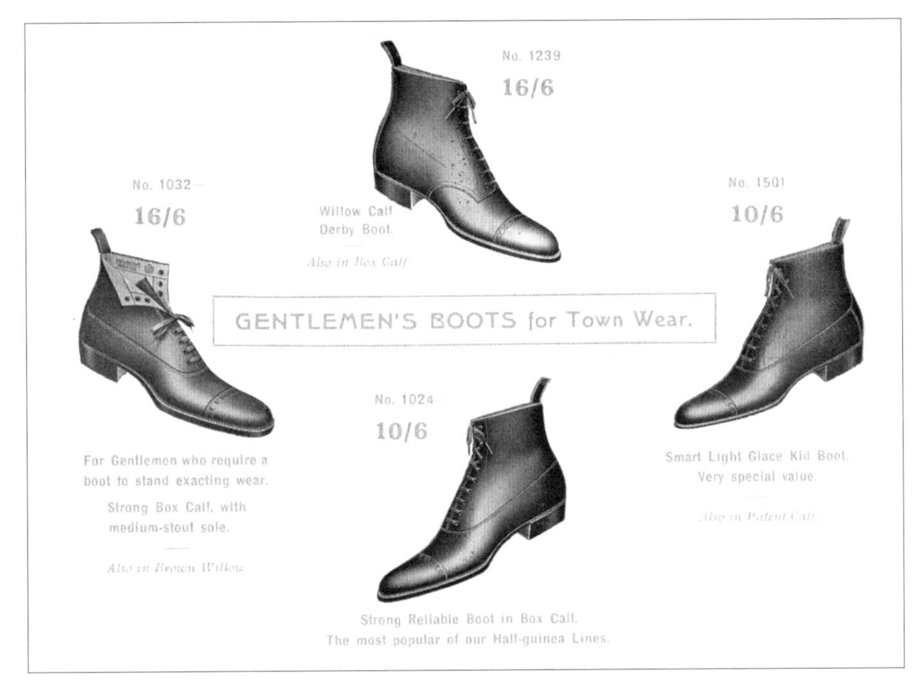

No. 1239
16/6
Willow Calf
Derby Boot.
Also in Box Calf

No. 1032
16/6
For Gentlemen who require a boot to stand exacting wear.
Strong Box Calf, with medium-stout sole.
Also in Brown Willow

No. 1501
10/6
Smart Light Glace Kid Boot.
Very special value.
Also in Patent Calf.

GENTLEMEN'S BOOTS for Town Wear.

No. 1024
10/6
Strong Reliable Boot in Box Calf.
The most popular of our Half-guinea Lines.

1905年左右，北安普敦曼菲尔德父子工厂产品目录中的一页。该公司声称："曼菲尔德的靴子有许多鞋型和配件，还提供半码的靴子，能满足顾客的各种需求……社会各阶层都穿曼菲尔德的产品，因为我们能提供满足每位顾客需求、适合各种场合的鞋靴。"

19世纪70—80年代，一只鳄鱼皮男式布吕歇尔靴或德比靴。

橡胶底帆布鞋

19 世纪 30 年代，从印度引进的橡胶对如今耳熟能详的运动鞋的发展产生了重大影响。19 世纪上半叶，美国人查尔斯 · 固特异（Charles Goodyear）耗时数年研究橡胶的性能，最终于 1839 年发明了一种名为“硫化”的加热工艺。

硫化使橡胶变成一种结实可靠的材料，不再在炎热天气里变得软黏，也不再在寒冷天气里变得脆硬。1844 年，固特异申请了美国专利，并开始生产各种橡胶制品，其中包括橡胶底的帆布靴。

“绿闪电”网球鞋

在大西洋彼岸，苏格兰人约翰 · 博伊德 · 邓禄普（John Boyd Dunlop）也在用橡胶做实验。邓禄普的儿子骑着装有实心橡胶轮胎的三轮车，经过鹅卵石路面时十分颠簸。邓禄普看到后，决定先用薄橡胶片把车轮裹起来，再用胶水把两层橡胶粘在一起，然后向两层橡胶中充气以起到缓冲作用，就这样邓禄普发明了充气轮胎。1927 年，邓禄普与利物浦橡胶有限公司合作，扩大了橡胶制品的生产范围，新增了防护性的鞋类产品，其中包括邓禄普威灵顿靴。1929 年，邓禄普“绿闪电”网球鞋问世。20 世纪 30 年代，3 届温布尔登网球锦标赛冠军佛莱德 · 派瑞（Fred Perry）所穿的网球鞋正是“绿闪电”。

普林姆索尔线

新的加热工艺为现代运动鞋的设计打下了基础。19 世纪 60 年代末，帆布鞋面和橡胶底的鞋子是专为夏季设计的款式。这种款式原本被称作沙地鞋，利物浦橡胶有限公司的菲利普 · 莱斯（Phillip Lace）1876 年将这种鞋改名为“橡胶底帆布鞋”。1 年前，在船上标注普林姆索尔线刚成为船运的强制措施，这条生命线以其提出者塞缪尔 · 普林姆索尔（Samuel

Plimsoll）的名字命名。将鞋面和鞋底连接在一起的水平彩色带看上去很像船身上的普林姆索尔线，所以 plimsoll 一词才被用于鞋子。船上的普林姆索尔线可表明水位限制，同样如果水位超过了橡胶鞋底的水平彩色带，鞋就进水了。1885 年 5 月 15 日，“通用普林姆索尔线”被注册为商标。

1900 年《美国鞋类零售商》（*American Shoe Retailer*）的 5 月刊中，人们注意到时髦人士打网球和划船时所穿的橡胶底帆布鞋已经成为年轻人的标配，年轻人穿着这种鞋上演各种各样的“绝技”。

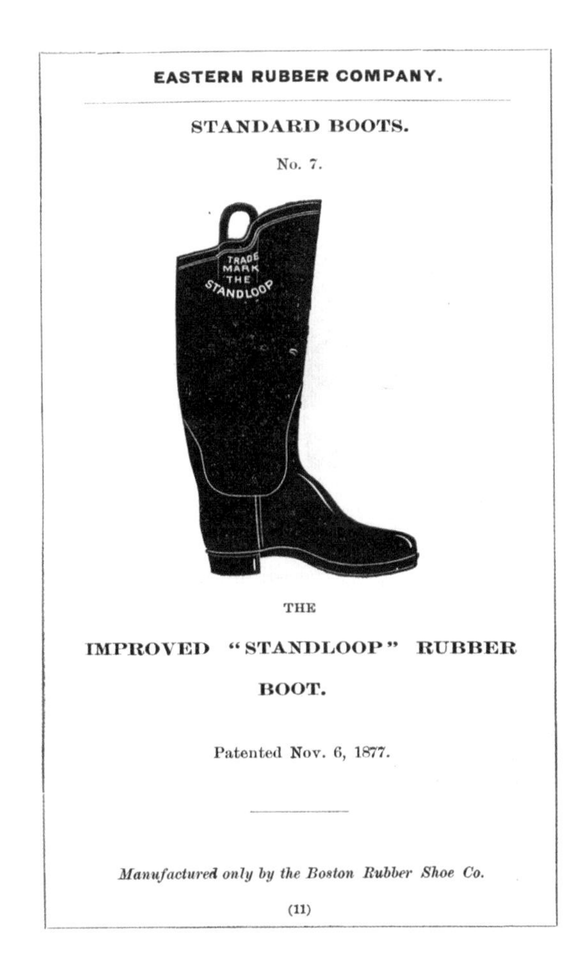
EASTERN RUBBER COMPANY.

STANDARD BOOTS.

No. 7.

THE

IMPROVED "STANDLOOP" RUBBER BOOT.

Patented Nov. 6, 1877.

Manufactured only by the Boston Rubber Shoe Co.

(11)

1880 年，东方橡胶公司产品目录暨价格表中的一页。该公司由沃斯雷和道恩斯两家公司共同经营，它们分别位于美国马萨诸塞州波士顿麦克街 29 号和霍利街 2—4 号。

RANDALL

TENNIS & CRICKET BOOTS and SHOES

Example 929 10/-

Randall's Tennis Boots set the fashion when the game first came in, and they lead the fashion to-day. In Buckskin tops, with a lighter leather lining, with "Ubique" soles, stuck and stitched. This boot eclipses anything produced in athletic footwear.

Example 900 11/-

A splendid Cricket boot, made in Buckskin, with a good stout leather lining, with ½-inch sole, on one of our round toe lasts. This boot cannot be beaten

Example 904 15/-

A fine specimen of Randall shoecraft, beautiful Buckskin tops, pulled over a good round toe last, specially designed for Tennis, a light leather lining and fitted with a rubber sole of the best quality, with Randall's patent stitching.

Example 880 8/9

A cheaper shoe but with every detail studied, good pure rubber soles fitted to a good Buckskin upper, and built on a round toe Tennis Shoe last

1910年左右，北安普敦H. E. 兰德尔有限公司（H. E. Randall Ltd）产品目录中的一页，是网球及板球鞋靴的广告。该公司的鞋子出口到包括印度和远东地区在内的世界各地。该公司在20世纪初拥有多家店铺，包括法国巴黎的三家店铺。

TENACIOUS.

H. E. Randall, Lady's-lane, Northampton.

This device is registered as a trade mark for a specialty lawn-tennis shoe with a moulded rubber sole, having a flange round its edge. The foundation of the shoe is made in any of the ordinary ways, and the rubber outsole is then stitched to the welt through the flange. The word "Tenacious" by itself is also registered by the same firm. No. 33,928. October 17, 1883.

1888年，名为“执着”（Tenacious）的橡胶底网球鞋也是H. E. 兰德尔有限公司出品的。

1920—1939 年间，由邓禄普公司生产的经典款白色系带橡胶底帆布鞋。

1900—1920 年间，一只光面皮女式网球鞋，鞋子配有一字横带和橡胶底。

参展鞋

18 世纪末至 19 世纪 60 年代，曾短暂开展过鞋匠制鞋手艺的有奖竞赛。这些竞赛常在世界博览会上举办，宣传了工业时代文化、科学和技术的发展。

获奖的鞋子通常形式夸张，鞋头形状奇特，鞋跟极高，手工缝制针脚在 2.5 厘米的长度内多达 40 个。参展鞋并不是为实际穿着而制作的，而是用来炫耀鞋匠的精湛技艺。虽然制鞋业已经实现了机械化，鞋匠们仍然用纯手工的方式来展示他们精湛的技艺。

世界博览会

从 1851 年在伦敦举办的万国博览会开始，鞋匠们制作了许多令人叹为观止的参展鞋靴。这些鞋靴展示了细密的针脚和复杂的设计，彰显了极高水准的制鞋手艺，但这些正常码的鞋靴通常一款一码，只有尺码合适的人才有机会穿上参展鞋靴。

高质量的鞋类产品也在美国参加了展览，例如 1876 年费城的美国百年庆典博览会和 1893 年芝加哥的哥伦比亚世界博览会。所有参展的鞋子都展现了高超的制鞋手艺。法国巴黎的展会也从 19 世纪 50 年代起展示鞋匠的作品，其中包括 1889 年的巴黎世界博览会。

微型鞋

许多鞋匠会在闲暇时间制作微型鞋。鞋匠能搞到小片的皮革和富余的配件。一天的辛苦劳作后，他们坐在家里制作微型的宫廷鞋、牛津鞋或德比鞋。

1889 年巴黎世界博览会上的一幕。

这些国际展会不仅让手工技艺在面对机械化的普及时，依然能保持活力，而且为鞋匠在国内外推广自己的精湛技艺和呈现鞋子的不同种类提供了绝佳的机会。

这双靴子在 1851 年的万国博览会上斩获了一枚奖牌，展现了鞋匠的高超技艺。这是一款正装威灵顿皮靴，靴筒的正面饰有黑色皮革和彩色丝绸（现已褪色）制成的贴花图案，包括一顶王冠，一些国徽、十字架、星星和一条扇形花边，靴筒的反面还饰有卷轴形图案。这双靴子由德比鞋制造商 J. N. 赫福德父子公司（J. N. Hefford and Sons）设计和制作，该公司还是手缝靴子制造商和法国鞋履进口商。

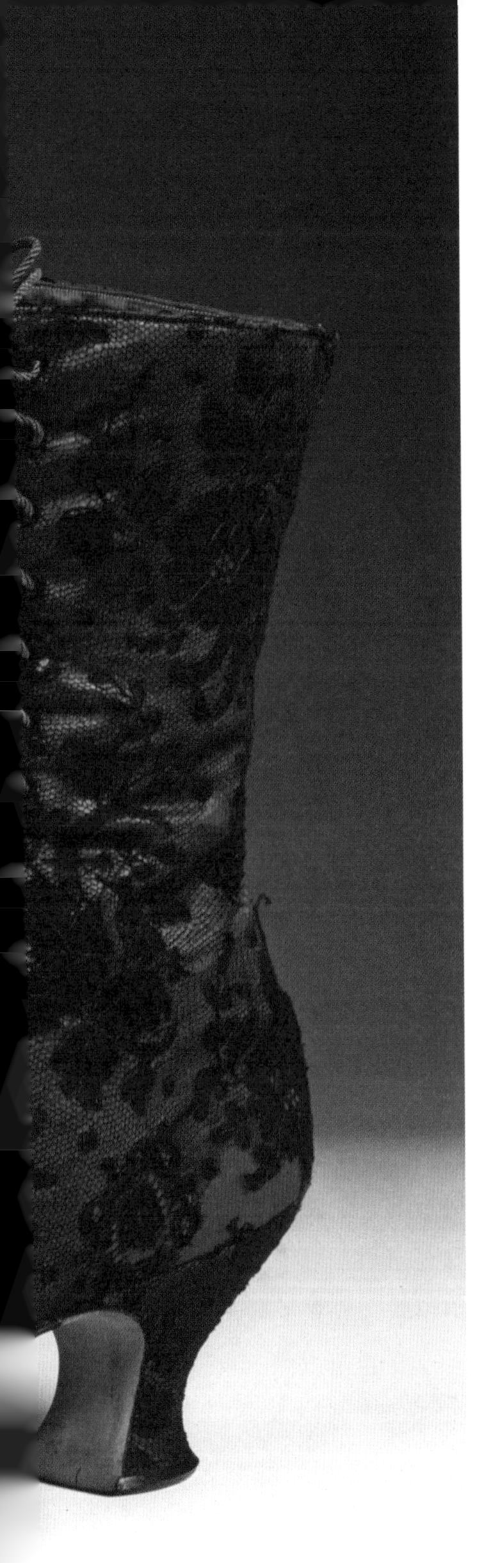

工会行动

19世纪，小型的地方性组织寻求在劳动条件、工资报酬和工作时间方面保护工匠的利益。成立于1840年的鞋匠联合会是英国最早的工会组织之一，其成员是制作手工缝制鞋的工匠们，他们都对19世纪50年代出现的大规模生产技术深恶痛绝。

之后的几十年间，在主要的制鞋业中心涌现出各式各样的工会行动。北安普敦是英国当时主要的制鞋中心，在那里先后发生的一系列事件是欧洲和美国众多城市的缩影。

工厂的威胁迫在眉睫

1857年，英格兰北安普敦引进了第一批制鞋机器，鞋匠们开始担心他们会大范围失业，或担心为了维持生计只能被迫进入工厂工作。当年11月，鞋匠们召开会议讨论机器的引进和北安普敦正在兴建的一个“怪物仓库”，因为他们怀疑这个仓库实际上是一家工厂。1858年4月，为了抵制

左图为一双精致的铁锈色缎面系带靴，鞋面上饰有尚蒂伊蕾丝（Chantilly lace）。鞋匠M. E. 萨布隆涅尔（M. E. Sablonniére）为1889年的巴黎世界博览会制作了这双靴子，他凭借精湛技艺赢得了一枚金牌。

机械化，北安普敦鞋靴工匠互助协会成立了。他们筹措了罢工专项基金，并和已经开始与机械化抗争的斯塔福德鞋匠们建立了联系。

1859 年 2 月，北安普敦的鞋履制造商们发表了以下声明：“英国的城市和主要城镇已经广泛采用了缝纫机，如果北安普敦的鞋履制造商继续推迟在生产中使用缝纫机，将严重影响批发商的需求，也将永久地损害整个制鞋业的利益。因此，制造商们决定在各自的企业中同时启用机器来缝合鞋面。”

罢工开始了，鞋匠们纷纷离开北安普敦去别处寻找工作机会。事实上，只要鞋匠们不会失业，他们并不反对引进机器。1864 年，15000 台缝合机器投入使用。

英国的罢工行动

1885 年，劳资双方因工资协商未果而引发了“最后一次罢工”，制造商关闭了工厂，停工影响了全英范围内的 46000 名制鞋工人。最终双方达成的解决方案包括“不罢工，不停工”条款，从此奠定了劳资关系的基础。1905 年的“朗兹游行”是与工资相关的又一重要示威游行，军靴制作工匠抗议压低工资的清偿制度，一直游行到伦敦。

美国的罢工行动

与英格兰的情况一样，机械化的引入也威胁到美国鞋匠。为了规范机器的使用，工人们成立了圣克里斯宾骑士团。事实证明，当时的形势以及新机器的速度和效率意味着机械化工厂是根本无法战胜的对手。

1895 年，大型工会和一些独立的地方性组织联合成立了鞋靴工匠联盟，并于同年加入美国劳工联合会。鞋靴工匠联盟的蓬勃发展一直持续到 20 世纪 60 年代末。

一面丝质的圣克里斯宾旗，是 1910 年左右为全国鞋靴工人联合会北安普敦分会制作的。

一枚 1910 年左右的鞋靴工匠联盟的徽章，该组织于 1895 年在美国成立。

20 世纪 20 年代左右，固特异鞋匠保护联盟副主席的美国会议徽章。玫瑰形花饰中央有一只男式六扣靴的图案，靴子周围的文字是：“固特异鞋匠保护联盟”。

一只 1888 年的男式巴尔莫勒尔靴，收藏于英格兰的北安普敦博物馆。这只靴子是 1887 年鞋靴业罢工后，为仲裁委员会特制的。鞋底有代表制造商的 M. P. 曼菲尔德（M.P.Manfield）的签名以及代表工会的 F. 因伍德（F. Inwood）的签名。

鞋店

1800年左右，第一批公认的鞋店出现在伦敦、巴黎和纽约等时尚购物胜地。与如今一样，这些鞋店销售不同种类的鞋履产品，并且为顾客提供试穿区域。19世纪中叶，此类鞋店在欧洲的主要城镇十分常见。

机械化生产普及以后，市面上的鞋子数量十分充足，制造商们意识到如果他们在市场上直接销售自己的产品，能获得更多的利润。英格兰北安普敦的曼菲尔德父子公司是首批开设鞋厂的公司之一，19世纪80年代早期，该公司也是首批开设鞋店的公司之一。其他公司紧随其后，许多知名品牌很快在商业街开设店铺，其中包括英格兰品牌巴勒特斯、特

1925年左右，曼菲尔德父子公司的店面。该公司在英国国内开有多家店铺，在国外如阿姆斯特丹、马赛、布鲁塞尔、汉堡和巴黎等地也开有店铺，仅巴黎一地就有6家店铺。

鲁福姆，以及弗里曼、哈迪和威利斯。

美国的情况也是如此。制造商富乐绅成立于 1892 年，不久后便在芝加哥开了一家鞋店。富乐绅公司最初为其他零售商生产鞋子，零售商贴上自己的商标后进行销售，但富乐绅公司很快意识到生产自有品牌鞋子的价值。

> “伦敦等地有一大群人出售靴子和鞋子，但他们并不生产鞋靴。其中的大部分人并不了解靴子或鞋子是怎样制成的。”
>
> ——约瑟夫·斯帕克斯·霍尔
>
> 《足之书》，1847 年

美国鞋业公司（American Shoe Company）的产品目录，展示了 1905—1910 年间位于伦敦摄政街 169 号的女鞋展销间。这家公司专门销售美国鞋靴，与美国最好的制造商合作，出售高品质的最新款女式、男式和儿童鞋靴。该公司自诩拥有直达所有楼层的电梯，并声称电梯的使用在当时的英格兰绝对是凤毛麟角。

一双黑色女式皮制宫廷鞋，鞋跟是路易跟，镂空的鞋面上饰有黑色珠子，原装的鞋盒仍保存完好。这双鞋是 1880—1889 年间由北安普敦的威廉·希克森父子公司（William Hickson & Sons）制作，属于他们的“无处不在”（Ubique）系列。

鞋盒上的标签不仅能推广品牌，还能为公司打造与众不同的形象。上图是 1950 年左右萨克斯[3] 公司的鞋盒，下图是 1900 年左右精品鞋业（Fine Footwear）的鞋盒。

木鞋

19 世纪和 20 世纪早期，木鞋在北欧各地十分流行。主要的木鞋生产中心包括英格兰北部和西部的坎布里亚郡、兰开夏郡、柴郡和约克郡，苏格兰边境各地，威尔士的西部和南部各地，以及一些北欧国家，特别是荷兰、比利时和法国。

欧洲款式

在不列颠群岛之外制作的木鞋往往整体由木头制成，荷兰木鞋是典型的一款，有时被漆成黄色或红色。法国木鞋可以全由木头制作，也可以由木底和皮制鞋面组成，亮面的黑皮鞋面很受欢迎。这些木鞋通常配有向上翘起的尖鞋头，有些款式还配有一根横过脚背的皮带，以防鞋子掉落。

英国演绎

典型的英国木鞋拥有皮制鞋面，木制鞋底，几种系带方式选择其中一种。流行至 18 世纪末的钩扣木鞋是最常见的款式，在鞋面中央交会的两个金属钩扣将鞋子系紧。横带木鞋也很受欢迎，一根带子横过脚背，带子末端扣在一颗纽扣上。纺织厂的妇女和姑娘们通常都穿传统的钩扣木鞋或横带木鞋，后者在 19 世纪初更为流行。在其他行业中，如啤酒厂、洗衣厂、漂染厂、矿场、采石场和农场，木鞋也是能起保护作用的大众之选。

鞋底选用的木料是桤木，因为桤木重量轻、纹路直、防水而且不开裂。跳舞穿的木鞋通常由白蜡木制成，因为白蜡木的鞋底能发出清脆的声音。制作鞋面的皮革种类繁多，包括上等小牛皮、小山羊皮或小羊皮，头层皮和二层皮也很常见。厚兽皮通常被分成几层，头层皮是紧挨动物毛发下面的那层粒面皮，二层皮是再下面一层的剖层皮。木鞋的款式紧跟各地的时尚鞋款，鞋头形状和雕刻装饰的种类也非常丰富。

制作过程中，从鞋楦上取下鞋面部分后，用一条窄皮条或金属条将鞋面钉在木鞋底上，此举是为了给木鞋加上一层防水封条。铁钉通常用在鞋跟周围，铜钉用在鞋子的前部，但最便宜的木鞋全部使用铁钉。钉子的角度必须十分当心，以免扎伤穿鞋人。

为了防止木鞋底过度磨损，制鞋者通常会在鞋底和后跟钉上成型的铁片，类似马蹄铁。大多数木鞋在制作过程中已经配上了铁片，但也能以更低的价格买到不配铁片的木鞋，再从当地铁匠那里自行购买铁片。然而，这样做不一定总是划算。

荷兰款的一双男式木鞋。这双鞋被漆成黄色，外观模仿系扣鞋。这种木鞋一直流行至 20 世纪中叶。

20 世纪初穆勒鞋款式的时髦法国木鞋，皮制鞋面搭配雕刻而成的木底和鞋跟。

直到 20 世纪，木鞋的款式都未曾改变。这双来自荷兰、色彩明艳的木鞋可以追溯到 1920—1939 年。

注释

[1] 北美第一民族是加拿大境内几个原住民族群的通称。——编注

[2] 富乐绅（Florsheim）是美国著名的男鞋品牌，曾以其过硬的质量和新潮的款式而享誉全球。

[3] 萨克斯（Saks）的全称是萨克斯第五大道精品百货店（Saks Fifth Avenue），是美国的一家百货公司，也是世界顶级的百货公司之一，旗舰店位于纽约的第五大道。

第七章 世纪之交

19 世纪 90 年代—20 世纪 20 年代

迈向现代鞋

19 世纪 50 年代以来，在全球各地举办的世界博览会向世人推广了创意、匠人技艺和产品设计。同时，电影、时尚杂志和摄影等新媒体开始兴起，最新的时尚成果变得触手可及，在此之前许多人并没有了解时尚的渠道。制鞋工厂大规模量产鞋履制品，几乎每人都能买到而且负担得起制作精良的最新款鞋子。此外，户外活动和体育运动也蔚然成风，再加上汽车的发明，为特定活动而设计的鞋子成为新时期的发展重点。

更自由的女性

西方世界正在改变。19 世纪末，欧洲和美国的女性开始争取自己的权力。她们想在社会中发挥超出公众认可的、更为积极的作用，而之前的女性服装都是限制性的紧身款式。1881 年，英格兰的理性着装运动（Rational Dress Movement）倡导以“健康、舒适、美丽”为理念的着装风格。进入 20 世纪后，这种观念风头正劲，生活方式也随之发生改变，从而削弱了以往对于女性社会角色的既定看法。

19 世纪 90 年代，自行车开始受到女性的欢迎。美国的阿米莉亚·詹克斯·布鲁默[1] 倡导女性放弃衬裙，改穿后来被称作灯笼裤的裤装。女士们骑自行车时可穿着灯笼裤，比起拖地长裙，她们更喜欢灯笼裤的实用性。与此同时，鞋子也发生了变化，为骑自行车而设计的皮鞋或皮靴既结实又轻便。

美国制鞋业的蓬勃发展

至 20 世纪，美国大规模生产的鞋子大量销往国外，给英国工厂的制造业造成了沉重的打击。美国还挑战了巴黎作为时尚中心的地位。1870—1930 年是美国制造业的全盛时期，数百万双美国制造的鞋子出口欧洲。

纽约布鲁克林成为重要的制鞋中心，布鲁克林生产的鞋子数量非常多，因而这里生产的鞋子被称作“布鲁克林鞋”。费城的制鞋业也在蓬勃发展，其中布雷兄弟公司以“探戈风”的流行款式闻名于世，探戈风款式是一种外耳式的鞋子或靴子。与皮内特等法国制鞋商的高档鞋子相比，美国批量生产的鞋子更便宜，可以惠及更多人。

欧洲制造商

1851 年，卡尔·弗兰茨·巴利（Carl Franz Bally）在瑞士开办了一家工厂，这家工厂后来全面采用了从美国进口的新型制鞋机器。1916 年，巴利每年能生产 400 万双鞋。由于瑞士在战争中的中立立场，巴利生产的鞋子在第一次世界大战期间仍能销往欧洲和美国。意大利也开始在世界鞋履舞台上崭露头角。彼得罗·扬托尼（Pietro Yantorney）是首批获得认可的鞋履设计师之一，紧随其后的是服装巨头萨尔瓦托·菲拉格慕（Salvatore Ferragamo）。第一次世界大战是这一时期具有决定性作用的事件。一战之后，女性解放是大势所趋。同时，虽然战争导致了制鞋业衰退，但是战争一结束，制鞋业的衰退之势也发生了逆转。

鞋跟的回归

20 世纪之初，人们舍弃了 19 世纪初大为流行的平底鞋，鞋跟在女鞋中重新流行起来。鞋跟的回归是一个渐进的过程：1851 年，鞋跟只有 1.9 厘米；1860 年，鞋跟高达 6.3 厘米的鞋子十分常见。

流行的鞋跟款式包括路易鞋跟、1855 年左右直接钉在平底鞋上的鞋跟，以及 1867 年的皮内特鞋跟。皮内特鞋跟和路易鞋跟的形状一样，但弧度没有那么明显。从 19 世纪 80 年代开始，有弧度的高跟靴子尤为流行。

19 世纪末，黄铜配跟开始流行。《鞋靴行业杂志》中的文章将黄铜配

“巴黎最新款的路易十五鞋跟，其和天皮之间还另有乾坤。”

——《鞋靴行业杂志》（*Boot & Shoe Trades Journal*），1888 年 10 月

跟称作“天皮”（top piece），黄铜配跟其实只是鞋跟底部的部分。19 世纪 90 年代，极尽奢华的鞋款一定配有黄铜配跟，因为它十分实用，能保护和加固鞋跟。许多鞋子上的黄铜配跟还被当作时尚配饰，因为 6 毫米厚的黄铜配跟上常刻有装饰性图案。穿鞋人四处走动的时候，黄铜配跟还能反射光线，为鞋子增添新的时尚元素。

女鞋款式

经典的女式宫廷鞋是当今许多鞋款的基础，但这种款式在 19 世纪下半叶才被称作宫廷鞋。在此之前，宫廷鞋是指在皇宫或正式场合中男士所穿的鞋款。在美国，这种低帮带跟的一脚蹬款式被称为浅口鞋。宫廷鞋越来越流行，当时的产品目录上刊有不同颜色以及带有不同装饰的宫廷鞋广告。

在鞋面上，特别是在鞋头上用刺绣、各式各样的蝴蝶结以及串珠来进行装饰是十分流行的，蝴蝶结的款式极为丰富，从最简单的款式到极尽奢华的费内隆花结应有尽有。这些装饰元素为深居家中的女性提供了绝佳的机会来修饰一双原本破旧的鞋子，使其焕发新生。19 世纪 60 年代开始使用合成染料，鞋子因而可以呈现各种令人向往的新颜色。

越来越实用的步行鞋和适合其他活动的鞋子也纷纷面世，反映了当时女性着装的态度变化。这些鞋子通常配有叠层低跟，而不是贴有皮革或纺织品的木雕高跟。

16 ALFRED J. CAMMEYER, 161, 163, 165, 167 & 169 SIXTH AVE., N. Y.

LADIES' ADONIS.

WIDTHS, A, B, C, D, E. SIZES, 1 to 6.

No.
1556 Ladies' Patent Leather Vamp, Black Suede Back Adonis.................................$2 50

LADIES' ONE-STRAP SANDALS.

WIDTHS, A, B, C, D, E. SIZES, 1 to 6.

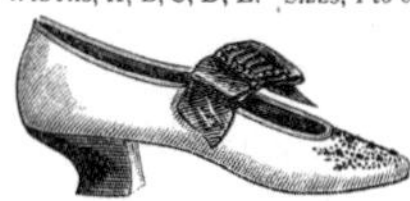

1557 Ladies' Bronze Beaded Sandals, Slide Bows on Strap.......................................$3 00
1558 Ladies' French Kid Jet Beaded Sandals, Slide Bows on Strap................................ 3 00

LADIES' SAILOR TIES.

FRENCH HEELS.

WIDTHS, AA, A, B, C, D, E. SIZES, 1 to 6.

1559 Ladies' Patent Leather Sailor Ties, Box Toes, French Heels $2 00

LADIES' SAILOR TIES.

COMMON SENSE.

WIDTHS, A, B, C, D, E. SIZES, 2 to 7.

1560 Ladies' Patent Leather Sailor Ties, Common Sense.......................................$2 00

LADIES' THEO.

WIDTHS, A, B, C, D, E. SIZES, 1 to 6.

1561 Ladies' Soolma Kid, Theo, French Heels......$2 00
1562 Ladies' Soolma Kid, Theo, Low Heels........ 2 00

LADIES' CLEOPATRA TIES.

WIDTHS, A, B, C, D. SIZES, 1 to 6.

1563 Ladies' Patent Leather Back, Black Ooze Vamp, Cleopatra Tie, Standard Heel.....$3 00
1564 Ladies' Red Goat Cleopatra Tie French Heel. 2 50

LADIES' SATIN ELITE SLIPPERS.

WIDTHS, A, B, C, D, E. SIZES, 1 to 6.

No.
1565 Ladies' White Satin Elite, Louis XV. Heel....$3 50
1566 Ladies' Pink Satin Elite, Louis XV. Heel..... 3 50
1567 Ladies' Blue Satin Elite, Louis XV. Heel...... 3 50
1568 Ladies' Yellow Satin Elite, Louis XV. Heel.... 3 50
1569 Ladies' Light Green Satin Elite, Louis XV. Heel.. 3 50

LADIES' ELITE SLIPPERS.

BOX TOE. FRENCH HEEL.

WIDTHS, A, B, C, D. SIZES, 1 to 6.

1570 Ladies' Gold Kid Elite.........................$3 50
1571 Ladies' Silver Kid Elite........................ 3 50
1572 Ladies' Tan Suede Elite 2 00
1573 Ladies' White Suede Elite 2 50
1574 Ladies' Pink Suede Elite........................ 2 50
1575 Ladies' Blue Suede Elite 2 50
1576 Ladies' White Kid Elite......................... 2 00
1577 Ladies' Black Suede Elite....................... 2 00
1578 Ladies' Gray Suede Elite........................ 2 00
1579 Ladies' Red Russia Calf Elite.................. 2 00

LADIES' KID BEADED OPERA SLIPPERS.

BOX TOE AND FRENCH HEEL.

WIDTHS, A, B, C, D, E. SIZES, 1 to 6.

1580 Ladies' Bronze, Open Work, Beaded and Trimmed Slippers $3 00
1581 Ladies' French Kid, Open Work, Jet Beaded and Trimmed Slippers...................... 3 00

LADIES' SATIN OPERA SLIPPERS

LOUIS XV. HEEL.

WIDTHS, A, B, C, D, E. SIZES, 1 to 6.

1582 Ladies' White Satin Slippers, Louis XV. Heels.$3 00
1583 Ladies' Blue Satin Slippers, Louis XV. Heels.. 3 00
1584 Ladies' Pink Satin Slippers, Louis XV. Heels. 3 00
1585 Ladies' Cardinal Satin Slippers, Louis XV. Heels 3 00

In returning goods, put your name and address on the outside wrapper; this is allowed, and enables me to identify packages at once. Send in your letter sufficient money to pay postage to send exchanged goods back to you; if the mistake is ours, the money will be returned.

PLEASE DO NOT CUT OUT ANY ILLUSTRATIONS, AS YOU WILL BE PERFECTLY UNDERSTOOD IN ALL CASES BY SIMPLY GIVING NUMBER OF ARTICLE

1892 年，阿尔弗雷德 · J. 坎梅尔配图目录和价格表中的一页。该页展示了一系列美国女式宫廷鞋（也被称作便鞋）。阿尔弗雷德 · J. 坎梅尔的商场位于美国纽约第六大道 161—169 号。

一只 1900 年左右的绒面革女式宫廷鞋，饰有花卉图案，配有镀金的路易鞋跟。鞋内贴有“伦敦，梅科普夫（Maykopf）”的标签。

克伦威尔鞋

1885年，克伦威尔鞋在英格兰首次出现。克伦威尔鞋是一种配有带扣的高跟鞋，鞋上的带扣多由金属制成，后来改由白铁矿石制成，带扣通常固定在鞋面的带子上。这种款式之所以被称作克伦威尔鞋，是因为人们误以为17世纪上半叶奥利弗·克伦威尔（Oliver Cromwell）和部下所穿的鞋子上都饰有带扣，但这或许只是维多利亚晚期人们的幻想而已。

实际上，当时克伦威尔部下所穿的是实用的低跟皮鞋，是鞋耳式系带款式。尽管如此，克伦威尔鞋这一名称还是流传开来。克伦威尔鞋是极度奢靡的款式，鞋跟高达16厘米。比较低调的人也可以选择鞋跟较低的保守款式和各种各样不同的系带方式。

法国血统

克伦威尔鞋源于19世纪60年代末被称作莫里哀鞋的款式，虽然与后来的克伦威尔鞋相比，莫里哀鞋的设计并不扎眼。莫里哀鞋与法国剧作家莫里哀有关，德·维莱迪厄夫人（Madame de Villedieu）曾描述过舞台上的莫里哀："他的鞋上饰有许多丝带，所以根本看不出鞋子是由俄罗斯皮革还是英格兰牛皮制成的，但我敢肯定，他的鞋一定是6英寸（15.24厘米）的高跟鞋！我无法想象又高又细的鞋跟怎么能承受住侯爵的丝带、马裤、装饰品、香粉和体重。"

毫不实用

克伦威尔鞋惊人的高跟让人惊愕不已。穿克伦威尔鞋的人遭受了嘲弄，当时的漫画刻画了需要依靠拐杖才能走路的女性形象，或有人在两侧帮扶的女性形象。19 世纪 90 年代末，这种夸张的高跟鞋只供女性在闺房中消遣，因而解决了穿着它们行走的问题。克伦威尔鞋也实现了女士们长久以来的愿望，她们想让自己的脚看起来比实际尺寸小。裙摆下的克伦威尔鞋能让人产生穿鞋人的脚非常娇小秀气的错觉。由于克伦威尔鞋实在太不实用，其时尚地位摇摇欲坠，于 1900 年消失殆尽。

命名的深意

克伦威尔鞋是 19 世纪末以人名命名的几种鞋款之一。一款宽鞋带的外耳式德比鞋被称作“吉布森”，名字取自 19 世纪 90 年代的吉布森女孩；吉布森女孩是一个墨水卡通形象，代表完美的美国女孩形象。此外，一款类似克伦威尔鞋的系带鞋被称作“兰特里”，是以英国皇室的朋友、女演员莉莉 · 兰特里（Lillie Langtry）的名字命名的。

1905—1910 年间美国鞋业公司产品目录中的一页，展示了该公司“巴黎女人”（La Parisenne）风格的克伦威尔鞋。该公司位于伦敦摄政街 169 号。

1897 年左右，一双光面小山羊皮女式克伦威尔鞋，饰有白铁矿石带扣。这双鞋的贴皮鞋跟高达 14 厘米，由“英格兰伦敦布朗普顿路的古契（Gooch）”制作，并贴着带有上述信息的标签。

首批鞋子设计师

几个世纪以来，鞋匠们受到自身灵感、专业技能、顾客意见以及所处时代的驱动，不断地设计各种鞋子。早期的大多数鞋匠都是匿名的，人们只能仰慕他们精湛的技术和手艺。从 18 世纪开始，鞋匠使用标签标出自己的名字和地址，有时也提供更多信息。

19 世纪末，鞋匠个人的名字越来越为人们所熟知，其中就包括彼得罗・扬托尼、安德烈・佩鲁贾（André Perugia）和让－路易斯・弗朗索瓦・皮内特。扬托尼常被称作世界上首位鞋子设计师，还被视为“难以捉摸的鞋匠”，因为人们对他的个人生活知之甚少。1890 年，扬托尼出生在意大利的卡拉布里亚，曾在巴黎克鲁尼博物馆担任鞋履藏品的策展人。1904 年，他成立了自己的小型工作室。

扬托尼是一名兼职鞋匠，只为富人服务，每一双委托他制作的鞋子都需提前支付一大笔定金。作为回报，他承诺为客户终身定做鞋子。扬托尼为客户制作足部模型，并观察客户赤足走路的姿态，从而掌握客户走路时体重在足部的分布情况，然后才确定他将制作的鞋子款式。在鞋子做好之前，他通常不会再与客户碰面，有时一双鞋可能要耗时 3 年。

富有的社交名媛丽塔・德・阿科斯塔・莱蒂格（Rita de Acosta Lydig）夫人是扬托尼的客户，她委托扬托尼制作了 300 多双鞋。她的姐姐回忆道：“一般 2 年左右你才能收到（扬托尼制作的）一双鞋子。如果他喜欢你，就像他喜欢丽塔那样，你能在 1 年之内收到鞋子；如果有奇迹发生的话，你能在 6 个月之内收到鞋子。”丽塔夫人经常旅行，她有 2 只配有奶油色天鹅绒内衬的俄罗斯皮箱，专门用来收纳她的鞋子。为了减少皮箱内的鞋楦重量，扬托尼用丽塔夫人专门购买的古董小提琴为她制作鞋楦。其中的一只皮箱，目前收藏在纽约大都会艺术博物馆。

佩鲁贾和皮内特的影响力

安德烈·佩鲁贾出生在意大利，在创办自己的公司之前，他在父亲位于法国尼斯的工厂工作。还有什么地方比法国的蔚蓝海岸更好呢？著名的海滨酒店内格雷斯科的老板娘是佩鲁贾的第一批客户之一，她让佩鲁贾在酒店的大堂展示和推广他的鞋子。这些鞋子吸引了时装设计师保罗·波烈[2]的一位富有客户，波烈随后邀请佩鲁贾前往巴黎的波烈之家展示他的鞋子。佩鲁贾后来为波烈和其他巴黎时尚设计师制作鞋子，还在巴黎圣奥诺雷市郊路开设了自己的店铺。佩鲁贾的时尚影响力非常大，萨克斯第五大道精品百货店都在销售他的帕多华成品鞋系列。

1920 年左右，扬托尼制作的一双深红色女式热那亚天鹅绒鞋，鞋上饰有金线绣制的花卉图案。路易鞋跟、尖鞋头以及饰有碎钻带扣的加长鞋舌，都是扬托尼的招牌设计风格。这双鞋仍保留着原装的樱桃木鞋楦，鞋楦还标有“左”和“右”的字样。

佩鲁贾一直精益求精，所以他制作的鞋子不仅看起来美得令人窒息，而且穿起来也非常合脚。美观和符合人体工程学的精准是佩鲁贾制鞋的关键所在，两者密不可分，缺一不可。佩鲁贾的客户包括波兰默片电影明星波拉·尼格丽（Pola Negri）、葛洛丽亚·斯旺森（Gloria Swanson）、约瑟芬·贝克（Josephine Baker），以及法国女演员、歌手兼歌舞女郎米丝廷盖特（Mistinguett）。米丝廷盖特的双腿十分性感迷人，所以佩鲁贾更有机会展示定制鞋匠的超凡技艺。

出生于法国的让 – 路易斯 · 弗朗索瓦 · 皮内特是一名鞋匠的儿子，他跟随父亲进入制鞋行业。19 世纪 40 年代，他前往巴黎；1855 年，他开办了第一家工厂。皮内特以优雅的鞋子和精致的绣花靴子而闻名。

20 世纪 20 年代，安德烈 · 佩鲁贾制作的一双女式晚礼服鞋，亮眼的红色与金色皮革搭配华丽的鞋面装饰。这双鞋由纽约萨克斯第五大道精品百货店销售。

早期运动鞋

早在 1517 年，英格兰国王亨利八世的衣橱里就有一双网球鞋："这双鞋是专门为打网球而设计的……"（1517 年国王衣橱档案）。几个世纪之后，第二双网球鞋才出现。

19 世纪 60 年代，胶底鞋开始出现。当时，胶底鞋的舒适度和灵活性使其成为打槌球和沙滩休闲的理想选择。不久后，网球、板球、跑步和帆船运动中也出现了类似的胶底鞋。19 世纪末，橡胶已成为制鞋的主要材料，体育运动和户外活动也日益普及，美国两家最具标志性的运动鞋公司匡威和科迪斯应运而生了。

全明星系列

1908 年，马奎斯・米尔斯・匡威（Marquis M. Converse）创立了匡威公司，它可能是美国第一家原创运动鞋公司。匡威最初制造橡胶鞋，出售男款、女款和儿童款胶底鞋。1912 年，匡威推出了网球鞋；1917 年，匡威推出了全球首款基于性能的篮球鞋，即标志性的匡威全明星鞋。

1918 年，阿克伦火石篮球队的一名球员穿上了他的第一双全明星篮球鞋，正是他把全明星篮球鞋和篮球介绍给了全美各地的人们。这名球员是查尔斯・H. 泰勒（Charles H. Taylor），也被称作"查克"（Chuck），他于 1921 年正式加入匡威，成为美国第一位球员代言人。两年后，他的签名出现在全明星系列的布标上。20 世纪 30 年代，美国人对篮球的兴趣渐浓，匡威随之发展壮大，成为篮球的代名词，而匡威全明星经典帆布鞋也成了全美各地篮球专业人士和高中球队的首选篮球鞋。这款鞋子被亲切地称作查克、匡尼或阿匡，在相当长的时间里都是美国的象征。

胶底帆布运动鞋

1916 年，美国橡胶公司创建了科迪斯公司。该公司把出售的网球鞋称作橡胶底帆布运动鞋（sneaker），这一术语也成了广大运动鞋的同义词，但 sneaker 这一术语并不是科迪斯的原创。F. W. 鲁宾逊（F. W. Robinson）所著的《狱中女子生活》（*Female Life in Prison by a Prison Matron*）讲述了一位监狱女看守的故事，从中我们得知，1862 年"夜间值班的狱警常穿一种印度橡胶鞋或橡胶套鞋"。在鲁宾逊的书中，狱警穿的鞋被伦敦布里克斯顿监狱的女囚犯们称作 sneaks。

1870 年，北美词源学家詹姆斯·格林伍德（James Greenwood）记录了 sneaker 一词，特指橡胶底帆布面的鞋走路时发出的不太响的声音。

1952 年左右，玛丽莲·梦露（Marilyn Monroe）和基斯·安德斯（Keith Andes）在美国加利福尼亚州蒙特雷拍摄电影《夜间冲突》（*Clash by Night*），影片中他们分别饰演佩吉（Peggy）和乔·道尔（Joe Doyle）。照片中的两位演员都穿着运动鞋。

1924—1929 年间，一双由帆布和绉布制成的天然米黄色橡胶底高帮鞋。这双十分稀有的科迪斯早期橡胶底帆布运动鞋被命名为“征服”(Conquest)，当时的定价在 1—4 美元。

切尔西靴

与女鞋相比，这一时期男鞋的时尚变化并不显著。靴子仍然很受欢迎，特别是前系带和纽扣的款式。弹性侧带短靴仍存在，不过通常作为晚间穿着的款式。不论是什么款式的鞋子，通常都配有叠层低跟，大约只有 3.8 厘米高。

布靴筒的纽扣靴逐渐流行起来，皮革或漆皮的鞋面通常搭配布靴筒。同如今许多男士的选择一样，这一时期最受欢迎的男鞋是外耳式的德比鞋或内耳式的牛津鞋。布洛克鞋大约也在这一时期出现，鞋面上的冲孔装饰让人想起早期的鞋子款式。

1927 年《优质鞋履》（*Footwear of Supreme Quality*）春夏款式目录中的一页，展示了可供脚踝较粗的女性选择的鞋靴。该目录出自位于美国马萨诸塞州波士顿 C 街 493 号的坦纳斯鞋业制造公司（Tanners Shoe Manufacturing Company）。

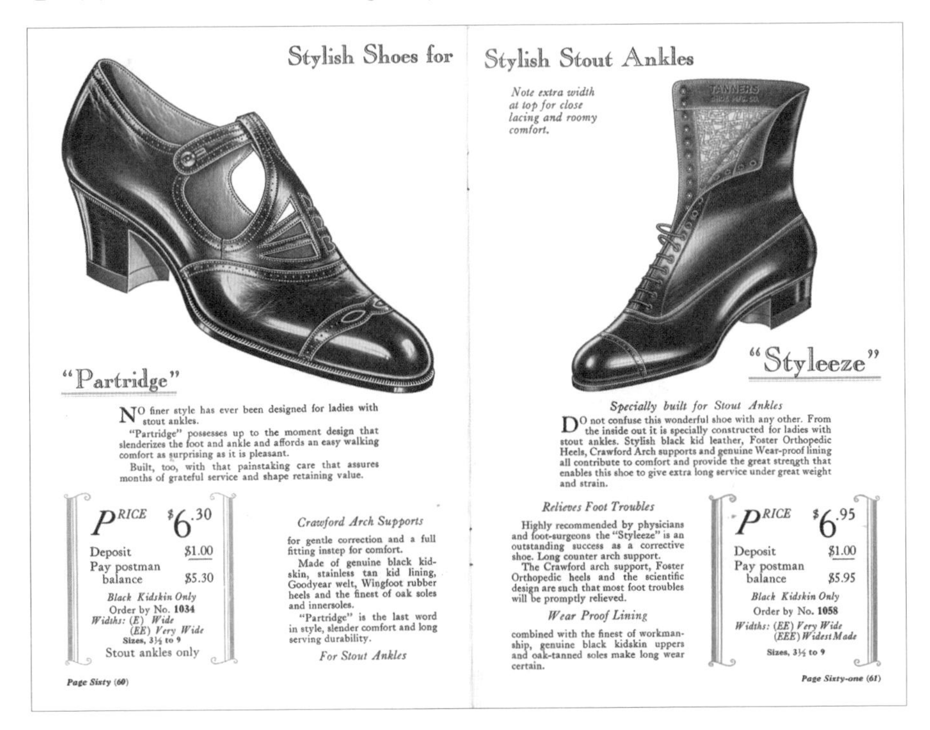
Stylish Shoes for Stylish Stout Ankles

"Partridge"

NO finer style has ever been designed for ladies with stout ankles.

"Partridge" possesses up to the moment design that slenderizes the foot and ankle and affords an easy walking comfort as surprising as it is pleasant.

Built, too, with that painstaking care that assures months of grateful service and shape retaining value.

PRICE $6.30
Deposit $1.00
Pay postman balance $5.30
Black Kidskin Only
Order by No. **1034**
Widths: (E) Wide
(EE) Very Wide
Sizes, 3½ to 9
Stout ankles only

Crawford Arch Supports

for gentle correction and a full fitting instep for comfort.

Made of genuine black kidskin, stainless tan kid lining, Goodyear welt, Wingfoot rubber heels and the finest of oak soles and innersoles.

"Partridge" is the last word in style, slender comfort and long serving durability.

For Stout Ankles

Page Sixty (60)

Note extra width at top for close lacing and roomy comfort.

"Styleeze"

Specially built for Stout Ankles

DO not confuse this wonderful shoe with any other. From the inside out it is specially constructed for ladies with stout ankles. Stylish black kid leather, Foster Orthopedic Heels, Crawford Arch supports and genuine Wear-proof lining all contribute to comfort and provide the great strength that enables this shoe to give extra long service under great weight and strain.

Relieves Foot Troubles

Highly recommended by physicians and foot-surgeons the "Styleeze" is an outstanding success as a corrective shoe. Long counter arch support.

The Crawford arch support, Foster Orthopedic heels and the scientific design are such that most foot troubles will be promptly relieved.

Wear Proof Lining

combined with the finest of workmanship, genuine black kidskin uppers and oak-tanned soles make long wear certain.

PRICE $6.95
Deposit $1.00
Pay postman balance $5.95
Black Kidskin Only
Order by No. **1058**
Widths: (EE) Very Wide
(EEE) Widest Made
Sizes, 3½ to 9

Page Sixty-one (61)

弹性侧带短靴源自19世纪40年代的斯帕克斯·霍尔靴，在美国它们被称作国会靴或加里波第靴，在英格兰它们被称作切尔西靴。19世纪60年代末，一家名为威瑟斯的公司在价格表上率先使用了“切尔西”一词，为该公司的男款、女款和儿童款切尔西靴进行广告宣传。为什么这种靴子被称作切尔西呢？很遗憾，我们尚不清楚这个名字的确切起源。一种说法认为，这个名字取自伦敦的切尔西区，因为从19世纪中叶起，切尔西区深受艺术家们的喜爱，他们可能穿过这种看起来颇具波希米亚风格的靴子。20世纪50年代的“泰迪男孩”[3]让这种款式焕发新生，因为切尔西靴没有鞋带，靴筒的顶部不会妨碍当时所流行的窄腿裤的裤脚。时至今日，切尔西靴依然流行。

一双男式切尔西皮靴，或称弹性侧带短靴。这双靴子是1880—1900年间的早期款式，但1962年左右更换了弹性拼接侧带，因为切尔西靴再次流行起来。

这双金色男式巴尔莫勒尔皮靴肯定曾大出风头，它是 1922 年由北安普敦芒茨工厂有限公司（The Mounts Factory Co Ltd）制作的。

第一次世界大战

第一次世界大战对全球制鞋行业产生了巨大的影响。欧洲技术娴熟的工人离家参战，有些人再也没能回来，而那些得以幸运回家的人发现，他们对世界的认知以及他们在世界上的地位发生了巨大的变化。工厂主也失去了继承人，为战后的生存而苦苦挣扎。

女性新角色

欧洲的女性填补了自愿参战的男性在工厂空出的工位。新自由影响了女性对服装的态度，耐穿的功能性鞋子成了实用的必需品。开救护车、照顾病患或从事其他战争工作的女性需要合适的鞋子。此外，尽管时尚杂志强调女性需要穿优雅的鞋子来鼓舞士气，但人们普遍认为奢侈浪费和华而不实的时尚是不爱国的表现，不符合当时的社会氛围。

英国靴子

19 世纪 80 年代末以来，美国一直主宰着鞋子市场，将批量生产的鞋子销售到欧洲。欧洲奋力追赶，利用源自美国的技术革新大幅提高了工厂的产量。1913 年，《经济学人》杂志发表了一篇文章，宣称“英国靴子取得了胜利”。1914 年爆发的战争确定了英国靴子的胜局。为了满足战争需要，鞋靴生产达到了前所未有的规模，差点挤垮了定制靴制造行业。仅英国就生产了 7000 万双靴子，其中近 5000 万双是在北安普敦郡生产的。

结实耐穿

这一时期的女鞋都是比较耐穿的低跟款式，以黑色和棕色为主。许多女性都经历了丧亲之痛，所以黑色成了流行色。直至 20 世纪 20 年代，纽扣靴或系带靴一直是最为实用的选择。彼时，女性也可以穿系带鞋。冬天的鞋款常由皮革和绒面革制成，夏天的鞋款可选择白色的绒面革或鹿皮，以及米色或浅棕色的绒面革。虽然极力避免第二次世界大战期间的配给制度所带来的各种限制，着装仍向简约的方向发展。战争快结束时，皮革的短缺导致布面鞋增多，一些时尚杂志也提出用自制的蝴蝶结和装饰品来改造破旧的鞋子。

1916 年左右，第一次世界大战期间，急救护士志愿军（First Aid Nursing Yeomanry，FANY）的 5 名女司机穿着毛皮大衣在西线服役。

1914—1919 年间，一双光面小山羊皮女式布洛克牛津鞋，鞋内衬垫上印着“W. A. 福斯特”（W. A. Foster）字样。

1915 年左右，一双褐色光面小山羊皮女式系带靴，是来自美国马萨诸塞州林恩的 A. E. 利特尔公司的桑果牌靴子。桑果鞋店遍布全美，在英国的伦敦、曼彻斯特和格拉斯哥，德国的柏林以及法国的巴黎也有分店。

1901—1910 年间，一双女式绸缎交叉带晚礼服鞋，鞋面是镂空发夹的样式。这双鞋由迪金斯和琼斯（Dickins & Jones）制作，饰有亮片和珠子。这双鞋款式更宽松，所以跳舞时更灵活。

风靡一时的横带鞋

第一次世界大战结束时，欧洲进入经济衰退期，失去了重要的技术工人。然而情况即将发生改变，因为一种新颖大胆的时尚席卷了欧洲和美国。

20 世纪初，对女性着装态度的改变一直在酝酿之中，当时女性已经开始反抗 19 世纪限制性的正式服装。从 20 世纪 20 年代起，裙子的长度明显变短；1927 年，裙摆已至膝盖之上。裙长的变短导致了人们对足部的重视，因为他们的注意力转移到鞋子上。这预示着 20 世纪最美丽的鞋子即将登场。简单实用的鞋款出现了，各种颜色、各种材质和各种装饰品应有尽有。制鞋业再一次扩大规模以满足消费者的需求。

流行款式

1924 年，最流行的女鞋款式是横带鞋，其设计简单，一条带子横过脚背后扣上一颗纽扣。横带鞋有许多不同的版本，包括日常款式、运动款式和晚装款式。有弧度的路易鞋跟十分常见，1931 年出现了一种更纤细的鞋跟，即西班牙鞋跟。

装饰艺术

1925 年，巴黎国际艺术博览会所倡导的装饰艺术运动，在鞋子设计上也有所体现，鞋子的装饰不再是简单的几何形状、结实的缝线和对比强烈的配色。埃及风格影响了服装，当然也为鞋子带来了灵感。亮色皮革和纺织品被用来反映这一令人赞叹不已的发现。包括查尔斯顿舞（Charleston）和黑臀舞（Black Bottom）在内的舞蹈代表着爵士乐时代，还有比不露脚趾的低跟横带鞋更适合爵士乐节奏的鞋吗？不露脚趾的低跟横带鞋既时尚又实用，如果由金色和银色小山羊皮制成，再加上碎钻配饰，它就是完美的舞鞋。

20 世纪 20 年代，一名女子外出参加晚宴，身穿修身连衣短裙和一双绸缎横带鞋。

1925年左右，一只饰有珠子和亮片的女式绸缎横带鞋，鞋底印有“法国制造”的字样，但这双鞋是由位于伦敦骑士桥的哈罗德百货公司销售的。

随着裙子越来越短，又涌现出许多不同的鞋款，包括多带的横带鞋和T字带鞋，纽扣也被带扣替代。此外，还有蕾丝横带鞋、克伦威尔鞋、牛津鞋、布洛克鞋和吉利鞋，而吉利鞋是一种传统的苏格兰款式。

1922 年，一幅名为“松鼠”的时装插图，是为羚羊皮和松鼠皮外套做广告，刊登在《品位杂志》（*La Gazette de Bon Ton*）上。

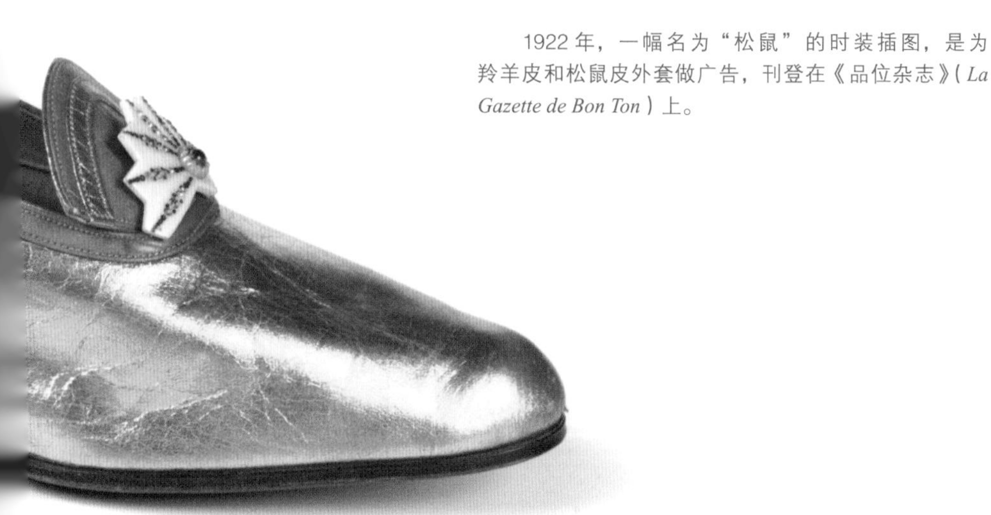

1924 年，一双金色小山羊皮女式横带鞋，鞋面饰有带扣装饰。1922 年发现的埃及法老图坦卡蒙的陵墓吸引了西方世界设计师的目光，埃及风格被广泛运用于从陶器到服装的各种设计之中，因此闪耀明亮的金色和绿松石色的鞋子风靡一时。

鞋跟与鞋头

20 世纪 20 年代，裙子越来越短，目光的焦点自然落在鞋子上，特别是鞋跟和鞋头。新的鞋头形状开始出现，虽然鞋跟创新大多与女鞋有关，但鞋头设计的发展适用于男鞋和女鞋。

鞋跟创新

这一时期新式女鞋鞋跟风靡一时。1902 年，直线型的古巴鞋跟出现了。20 世纪中叶，鞋跟的高度已经达到 4.5 厘米。

雕刻而成的木制鞋跟上常贴有皮革、织物或赛璐珞（最早的热塑性塑料），也有鞋跟刷漆的情况。在鞋跟正面开一个垂直的槽，用来收纳鞋跟包裹物的边缘，然后做最后的平整。赛璐珞因其光滑的特性而被采用。首先将赛璐珞浸在丙酮中软化，然后将鞋跟包住，赛璐珞变干后会收缩成紧裹鞋跟的套子。为了达到叠层鞋跟的效果，制鞋者将皮革的层次印制在赛璐珞上，从而节省鞋跟的加工时间，因为只需将鞋跟抛光即可。有时也会在赛璐珞中加入人造钻石和宝石，以达到闪闪发亮的效果。

斗牛犬鞋头

1910 年，一种源于美国的鞋头新形状传至欧洲。因为鞋尖有一处隆起，这种款式被称作“斗牛犬鞋头”或“波士顿鞋头”。20 世纪 20 年代，这种粗短的鞋头被更为女性化的尖鞋头所取代。

鞋面材料

20 世纪的前 25 年，亮面皮是投入使用的新材料之一。1924 年亮面皮过时了，但 1 年后又回归流行。亮面皮由小山羊皮经过铬鞣处理制成，皮革表面十分光滑。1925 年，曾经风靡一时的绒面革鞋已经无人问津，因为衬里使用的黏合剂让绒面革鞋落下了染脚的坏名声。稀有皮革也越来越受欢迎，日装和晚装款式分别有蛇皮、蜥蜴皮和鳄鱼皮可供选择，上述三种皮革还有配套的手袋出售。

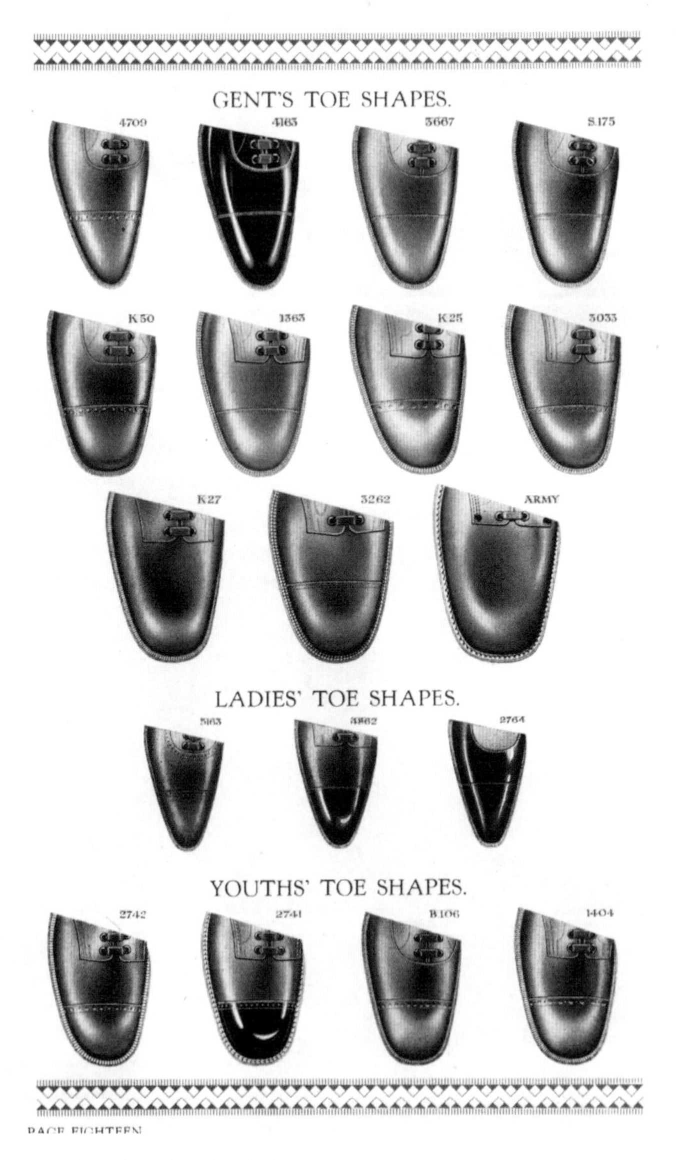

1925 年左右，弗雷德·奈特有限公司（Fred Knight Ltd）产品目录中的一页鞋头款式，该公司位于北安普敦郡拉什登。

1915 年，北安普敦芒茨工厂有限公司产品目录中所列的斗牛犬鞋头。

20 世纪 20 年代，一组镶有宝石的高跟鞋。法国著名的音乐厅艺术家和歌舞女郎米丝廷盖特曾穿过画面正中的那只鞋子。米丝廷盖特是 20 世纪 20 年代巴黎的宠儿，以一双美腿闻名，有传言说她为双腿投保了 100 万英镑。她酷爱鞋子，为了展示自己的美腿，她收集了许多高跟鞋。

经典布洛克鞋

经典的男式布洛克鞋诞生于19世纪90年代，1905年风靡一时，它的起源可以追溯到几百年前的一种鞋子。布洛克在盖尔语中是鞋的意思，布洛克鞋可以追溯到爱尔兰的一些地区，特别是在苏格兰阿伦岛发现的款式简单的史前鞋子。

制作者在制作上述早期鞋子时，将一块长方形的生牛皮折叠，然后用涂了焦油的绳子在两侧缝合。生牛皮上方的两端被拉在一起后打结系紧，制成的“袋子”裹在脚上，有毛发的一面穿在外面，以提供良好的抓地力。爱尔兰国家博物馆展出了一些早期鞋子的实例。

1745年的苏格兰起义很大程度上排除了其对外界的影响，所以英格兰并不了解上述早期鞋子。1822年乔治四世国王到访苏格兰后，其特色物品才再次得到推广和推崇，包括苏格兰的鞋子。

冲孔和翼纹装饰

冲孔装饰是现代布洛克鞋的典型特征，冲孔源自原始鞋上的孔，当时鞋上的孔是为了在走过泥泞的路面时排干鞋中的水。也有证据表明，现在的冲孔装饰可能源自伊丽莎白时代晚期和17世纪早期的鞋类装饰。当时，鞋子上流行用精美的雕绣装饰，也用几何图案和非写实的花卉图案来装饰锯齿鞋边。随后的几个世纪里，技术的进步使得穿孔和打孔变得更加统一，其应用也更加容易，所以被广泛用于男鞋和女鞋的鞋头。

从19世纪90年代开始流行的布洛克鞋，通常都带有冲孔的翼纹和后帮缝线。翼纹在鞋头中心线处形成一个翼尖儿，凸显了鞋头的形状。后帮对鞋帮进行外部加固，因为两片鞋帮的前部与鞋面相连，而后部在鞋跟后交汇。

翼纹鞋变得十分时髦，皇室成员和高尔夫球手经常穿翼纹鞋。威尔士亲王以爱穿鞋舌上饰有流苏的布洛克鞋而闻名。黑色是一开始最受欢迎的颜色，20 世纪 30 年代，人们对棕色这种“非正式”颜色的态度有所缓和，所以棕色取代了黑色成为最受欢迎的颜色。20 世纪 20 和 30 年代还出现了被称作“共同被告鞋”（co-respondent）的双色布洛克鞋，颜色组合包括黑色和白色或棕色和奶油色。经典的布洛克款式也成了深受女性喜爱的流行鞋款。

《鞋与皮革新闻》（*Shoe and Leather News*）出版了专刊《呈现英国鞋与皮革》（*Presenting British Shoes and Leather*）。该专刊突出报道了第二次世界大战后英国公司的生产活动。乔治·韦伯父子公司（George Webb & Sons）1948 年生产的布洛克鞋收录在专刊中，该公司位于北安普敦布罗克顿街。

布洛克鞋激发了许多不同的款式，包括这只绝妙的黑色牛津皮鞋，鞋面还饰有金色皮革装饰。严格来说，这只鞋并非布洛克鞋，是 1930 年由 W. L. 道格拉斯（W. L. Douglas）制作的。

20 世纪 30 年代，一双男式布洛克牛津皮鞋，由北安普敦郡朗巴克比的乔治·约克父子公司（George York & Sons）制造。

注释

[1] 阿米莉亚·詹克斯·布鲁默（Amelia Jenks Bloomer，1818—1894）是美国的一位妇女参政论者、编辑和社会活动家，也是改变女性着装风格的时尚倡导者。虽然布鲁默并不是灯笼裤（bloomer）的设计者，但她早期的理念使得她的名字与这种革命性的女式服装紧密地联系在一起。

[2] 保罗·波烈（Paul Poiret，1879—1944）是法国著名的时装设计师，也是其同名高级时装公司的创始人。他对时尚界的贡献被比作毕加索在20世纪的艺术遗产。

[3] 泰迪男孩（Teddy boys）指20世纪50年代重回爱德华时代着装风格的英国工人阶层青少年，他们更愿意被称作Teds。他们热爱音乐和舞蹈，穿着紧身裤、长外套和皮鞋，梳着油头或顶着蓬松的发型。泰迪男孩是英国原生的青少年亚文化，据说披头士乐队的经典造型就源自泰迪男孩，也有人将泰迪男孩称作20世纪50年代的英国“纨绔子弟”。

第八章 经济紧缩年代

1930—1947年

从繁荣到萧条

第一次世界大战后，美国迅速成为世界上最富有的国家。美国比欧洲更快地从战争所带来的经济影响中恢复，因为“咆哮的二十年代”[1]推动了消费主义在美国的兴起，美国进入了一个全新的消费主义阶段，而其制造业也加快了发展步伐。汽车大规模量产恰逢“文化爆炸”，特别是在城市里，电影、音乐和体育成为主角，妇女也获得了投票权。欧洲国家紧随其后，也进入了一个黄金时代。

然而，美好的时光总是短暂的。1929 年，华尔街股市崩盘，美好时光戛然而止。美国陷入了大萧条，其影响波及全世界。居高不下的失业率、大范围的资源短缺以及不断下降的薪酬，标志着过去 10 年的奢靡生活方式已经走到了尽头。20 世纪 30 年代预示着一个更为冷静的时代即将到来，而这一时代将在第二次世界大战爆发时达到高潮。

低调的优雅是这一时代的缩影，虽不像 20 世纪 20 年代那般引人注目，但依然高级而精致。女性时装更加讲究剪裁，轮廓更为修长，更加注重衣服的合身度。这样的造型需要搭配简洁优雅的鞋子，鞋履时尚应和了这一潮流。仍可见到 20 世纪 20 年代的经典横带鞋，但其流行程度已然下降，T 字带鞋和宫廷鞋成为人们的最爱。

新影响力

欧洲时尚，特别是来自巴黎的时尚，面临着来自美国新影响力的挑战，因为 20 世纪 30—40 年代大受欢迎的好莱坞电影产业拥有影响时尚的新兴力量。冉冉升起的好莱坞电影明星们散发着成熟的魅力，人们拼命地想模仿他们，特别是在生活艰难的时代。谁能抵挡珍・哈露（Jean Harlow）、卡罗尔・隆巴德（Carole Lombard）、贝蒂・戴维斯（Bette Davis）和琼・克劳馥（Joan Crawford）等银幕女神的魅力呢？

这一时期，户外活动也更加丰富和频繁。富人们常去度假，晒黑的皮肤成为健康和财富的象征。白皙的皮肤长期以来一直是贵族阶层的象征，因为这表明他们不需要出门劳作和奔波，而可可·香奈儿（Coco Chanel）让人们接纳了晒黑的肤色。户外运动的发展意味着人们需要合适的鞋子，凉鞋顺势兴起。美国的制鞋公司主宰着成品鞋市场，德尔曼、爱·米勒和帕尔特等鞋履品牌聘请了自由设计师，并将他们设计的鞋子出口到世界各地。

战时供应短缺

第二次世界大战期间，国际交流变得紧张，终结了各国时尚灵感百花齐放的盛世。法国的皮革供应稀缺，制鞋商很难完成国内的订单，更别提国外的订单了。英国的赫迪·雅曼（Hardy Amies）、诺曼·哈特奈尔（Norman Hartnell）和维克多·斯蒂贝尔（Victor Steibel）等时装设计师参与了一系列被用于大规模生产的民用设计。

由于战时的经济紧缩，欧洲各地的女鞋款式都发生了变化。虽然通过时尚来充分表达自我已不再是一种选择，但女士们从未停止尝试各种富有创造力的方法，用来修补旧物和对已有物品进行个性化的翻新。

这一时期，欧洲的男鞋款式变化不大。黑色和棕色的德比鞋和牛津鞋仍占据主导地位，布洛克鞋和双色鞋也比较常见。战后，英国给复员军人配发的鞋子一共有五双，包括两双牛津鞋、两双德比鞋和一双棕色绒面革鞋。

20世纪30年代的魅力

对许多人来说时局十分艰难，但士气低落时至少还有时尚可以依靠。由于20世纪20年代“万事皆可”的态度，搭配不同服装的鞋子和特定时间所穿的鞋子之间的区分不再明显。20世纪30年代，这种随心所欲的自

> “如今，穿什么鞋取决于时间和场景。运动鞋、步行鞋、在公园散步时穿的鞋与下午外出穿的时髦鞋之间的细微差别是显而易见的。”
>
> ——《法国时尚》(*French Vogue*)，1936 年

由被更为严格的着装礼仪所取代。

20 世纪 30 年代，服装变得更加精致，特定时间和特定的休闲活动都配有专门的服装。种类繁多的鞋子也反映了这一趋势，白天或晚上穿的鞋子、上班工作或体育活动穿的鞋子、在城里或乡间穿的鞋子都有不同的款式。

流行款式

这一时期，女性休闲时穿长裤，因而需要合适的鞋款来展示她们的修长轮廓。20 世纪 20 年代的横带鞋虽仍受欢迎，但风头远不及它的竞争对手 T 字带鞋，后者不仅可以选择更为柔和的颜色，而且流线型更好，鞋跟也更高更优雅，有些 T 字带鞋的鞋跟高达 7.5 厘米。从 20 世纪 30 年代中期开始，淡雅柔和的颜色开始流行，宝石色和金属色的皮革也大受欢迎，而饰有金边或银边的黑色是晚装的首选颜色。

与全包的鞋款相比，暴露更多足部的款式越来越多。露跟鞋和鱼嘴鞋越来越流行。20 世纪 30 年代末，这些优雅的鞋款被坡跟鞋、软木底鞋及厚底鞋所取代。

20 世纪 30 年代，5 位优雅的女士穿着皮草大衣和款式各异的鞋子。

1937 年 6 月，一幅多尔西斯鞋广告，包括各种颜色的鱼嘴高跟凉鞋。

1933 年，一双黑色和金色相间的女式晚装踝带凉鞋，鞋上饰有绿色和橙色的花卉刺绣。

凉鞋

20 世纪 30 年代，海滨休闲、夏季和体育休闲活动都流行穿凉鞋。几百年来，女性从未穿过凉鞋，但其慢慢渗透生活中的方方面面，舞池中也能见到凉鞋的身影，稍做修改的凉鞋还成了时髦的日常款式。20 世纪 30 年代中期，露趾凉鞋出现，露跟凉鞋也随之出现。

尽管凉鞋非常受欢迎，《时尚》（*Vogue*）杂志却对这种暴露足部、粗俗不堪又太过随意的款式深表震惊，并宣称凉鞋不卫生还危害足部。有人甚至认为，只有品位低下的女人才会选择穿凉鞋。还有人认为凉鞋只适合晚上穿，因为露出脚趾好似在白天裸奔！

第二次世界大战期间，一些制鞋材料出现短缺，设计师只得寻找替代材料。意大利设计师艾尔莎·夏帕瑞丽（Elsa Schiaparelli）从市场售卖的编织篮子中获得了灵感，在一系列凉鞋上采用了多种色彩的编织鞋面。

草底鞋

西班牙制作草底鞋已有几百年的历史，其名字源于制作鞋底的针茅草。20 世纪 20 和 30 年代，草底鞋作为一种休闲鞋款和沙滩鞋款，在富裕阶层和经常旅行的人中流行起来，所以在法国的蔚蓝海岸常能看到草底鞋的身影。草底鞋是一款男女皆宜的鞋，还有各种定制款式。1938 年，和姐妹们一起度假的约翰·F. 肯尼迪（John F. Kennedy）穿着一双草底鞋为《美国时尚》（*American Vogue*）拍摄了一张照片。虽然草底鞋当时并不是主流的男士时尚，但萨尔瓦多·达利（Salvador Dalí）也穿过草底鞋。

草底鞋

自 13 世纪开始，西班牙加泰罗尼亚人把针茅草和棉花编织在一起来制作草底鞋，买不起皮鞋的农民是最早穿草底鞋的人。因为草底鞋由廉价又易得的材料制成，世界各地的人很快就接纳了这一款式。下图中的这双草底鞋制作于 1900 年左右。

1939 年《鞋子》(*La Chaussure*) 上的一幅时装插图，展示了一系列可供选择的凉鞋款式，包括图底部的针织款式。

BUNTING

1936 年，伦敦和巴黎的 R. R. 邦廷公司（R. R. Bunting）推出了这款灰色粗花呢的女式晨鞋或沙滩木底鞋。这双鞋的木制鞋跟高 10 厘米，搭配木制厚鞋底，皮制鞋内底作为铰链连接分段的木鞋底。

萨尔瓦托·菲拉格慕

萨尔瓦托·菲拉格慕是这一时期极具影响力的人物之一，以善用多种材料而闻名。出生于 1898 年的菲拉格慕很早就意识到，20 世纪初的美国制鞋业远远领先于欧洲制鞋业，因而 1914 年他横渡大西洋去了解美国的成品鞋行业。

从鞋匠到明星

菲拉格慕在纽约的优质皇后工厂工作过一阵，后来他意识到工厂制造根本无法满足他对品质上乘、制作精良的鞋款的追求。受到好莱坞电影蓬勃发展的启发，1923 年菲拉格慕搬到美国西海岸，创办了一间工作室，专为当时的电影明星定做鞋子。他的客户包括葛洛丽亚·斯旺森、克拉拉·鲍（Clara Bow）、玛丽·璧克馥（Mary Pickford）和鲁道夫·瓦伦蒂诺（Rudolph Valentino）。菲拉格慕在好莱坞大获成功，他制作的鞋子很快便供不应求了。1927 年，他返回意大利。

不知疲倦的即兴创作

菲拉格慕的原创作品展现了他无尽的想象力。从 1936 年开始，他推广了坡跟和厚鞋底。20 世纪 20 年代，坡跟曾是运动鞋的特色，但菲拉格慕对坡跟做了非常现代和大胆的改变，让这种款式跟上了潮流。菲拉格慕还推广了软木鞋底和马蹄跟，马蹄跟中间细，有点像棉线轴。菲拉格慕最出名的作品，或许是那双令人惊叹的雕刻厚底凉鞋，那双鞋呼应了当时的时尚潮流，达到了令人惊叹的迷人新高度。

1935 年，为了阻止意大利继续侵略埃塞俄比亚，国际联盟对意大利实施制裁和限制。菲拉格慕无法再制作传统的皮鞋，于是他只能利用手头的材料进行创作，包括玻璃纸、酒椰叶纤维、细绳和鱼皮。

菲拉格慕无法再获得钢材，于是他研制了撒丁岛软木坡跟。起初人们对这种坡跟态度冷淡，后来这种款式成了战争年代最流行的款式之一。撒丁岛软木坡跟不仅十分时髦，而且穿着舒服又方便。此外，由于充分利用了替代材料，它们非常适合战时的经济水平。1939 年，菲拉格慕估计 86% 的美国女鞋都采用了坡跟。

富有魅力的年代

先进高级又富有魅力的意大利电影业、兴起的旅游业以及人们对意大利风格的深入了解，使意大利成为炙手可热的好去处。电影明星和名人纷纷涌向意大利，奔向菲拉格慕，只为挑选一双散发着意式风情的鞋子。这一时期的意大利设计师不容小觑，他们不再模仿法国的顶尖设计师，而是开始创造属于他们自己的风格和样式。玛丽莲·梦露是菲拉格慕的粉丝，在电影《七年之痒》（*The Seven Year Itch*）中，玛丽莲·梦露正是穿着菲拉格慕制作的鞋子站在排风口，上演裙摆被吹起的经典一幕！

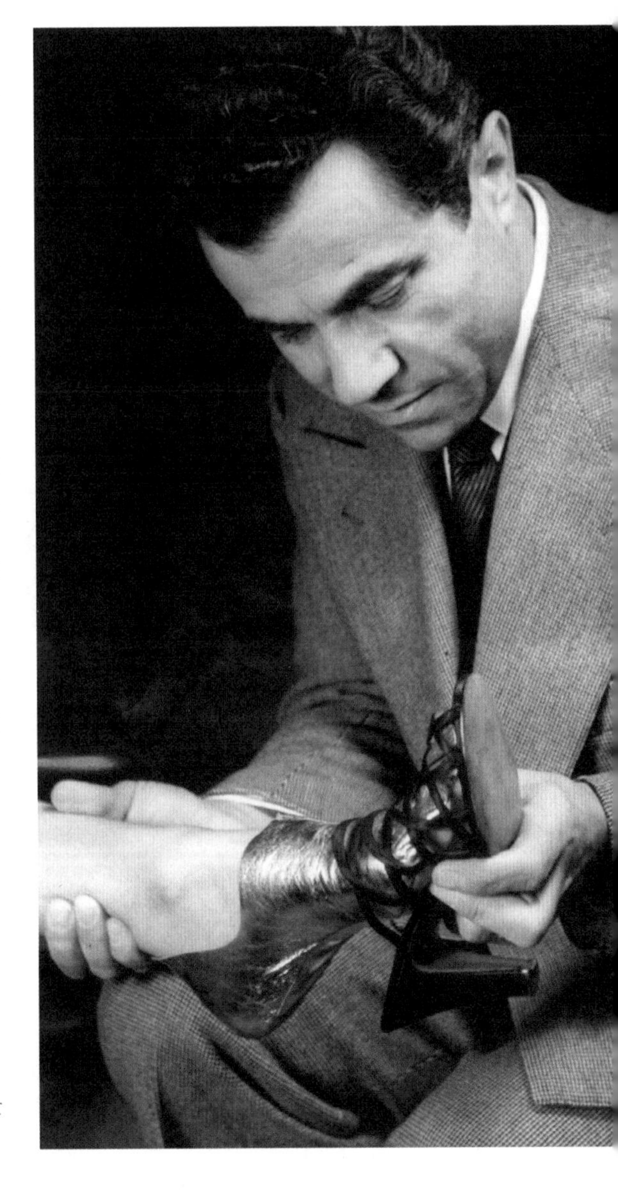

1950 年，萨尔瓦托·菲拉格慕为一位女士试鞋。

1948—1950 年间，萨尔瓦托·菲拉格慕设计并制作了这款造型优雅的雕刻坡跟鞋，弧形的坡跟成为引人注目的焦点。这款鞋子的款式和颜色呼应了早期的高底鞋和意大利文艺复兴时期的华美风格。

厚底鞋

20 世纪 30 年代初的代表是优雅、流线型的 T 字带鞋，而 30 年代末笨重厚实的厚底鞋占据了时尚中心。这种款式最初作为沙滩款式风靡一时，随后进入了主流时尚。

厚底鞋既有菲拉格慕、罗杰·维维亚（Roger Vivier）和佩鲁贾等设计师所设计的、极尽奢华的高端款式，也有在商业街上可以买到的大众款式。1938 年，菲拉格慕为好莱坞影星朱迪·嘉兰（Judy Garland）设计的厚底鞋最为华丽，也最具有标志性。这双鞋配有金色的小山羊皮踝带和细带鞋面，软木的厚鞋底上贴着宝石色系的绒面革，营造出波浪起伏的效果。

维维亚是厚底鞋的首位倡导者。20 世纪 30 年代中期，当他将原创的厚鞋底款式送到制造商赫尔曼·B. 德尔曼（Herman B. Delman）手中时，德尔曼说道："你疯了吗？"厚鞋底之前是出现在高耸的高底鞋上，所以对许多人来说，这种款式更容易让人想起实用的矫形鞋。据说，维维亚的灵感源自他在巴黎发现的一双中式厚底便鞋。一开始人们对这种款式的反响并不强烈，但随着德尔曼生产出数千双厚底鞋，玛琳·黛德丽（Marlene Dietrich）和玛丽莲·梦露等时尚名人纷纷购买厚底鞋，这种款式开始出现在美国各地的德尔曼连锁店中。

20 世纪 30 年代，与厚底凉鞋紧密联系在一起的明星是巴西女演员卡门·米兰达（Carmen Miranda），她用带水果装饰的高耸头巾搭配同样高耸的厚底鞋，成为"巴西性感尤物"。加利福尼亚的泰德·萨维尔（Ted Savel）为卡门·米兰达设计了多双超乎寻常的夸张厚底鞋。

> "法国女人只在家中或沙滩上穿矫形凉鞋，而意大利女人却对坡跟疯狂不已。"
>
> ——《时尚芭莎》（*Harper's Bazaar*），1938 年 7 月

1946 年，一双由北安普敦莲花有限公司制造的金色女式织锦和小山羊皮宫廷鞋。

1946 年，一只由美国登森（Denson）制造的女式厚底宫廷皮鞋。

一双 1948 年左右的女式绒面革厚底露跟鞋，鞋面上饰有黑色的丝网玫瑰花。J. 西尔斯公司（J. Sears & Co）出品。

男鞋

这一时期，男鞋的变化并不像女鞋那样引人注目。靴子仍很受欢迎，但有些款式已经过时了。1920年，切尔西靴不再流行；1930年，纽扣靴不再流行。前系带靴仍是最受欢迎的实用靴子，但搭配时髦的日装和晚装却不够时尚。

皮制叠层低跟的牛津鞋和德比鞋是最受欢迎的款式，通常是黑色的，后来开始流行棕色。对颜色的选择越大胆，就越时尚。双色鞋或者1941年为人们所熟知的“共同被告鞋”是“花花公子”的不二选择。事实上，双色鞋在经济紧缩时期是非常实用的，因为颜色的搭配使人注意不到皮革的瑕疵。

僧侣鞋

僧侣鞋是这一时期出现的新款式。僧侣鞋的鞋头没有花纹或拼接，是低帮无带的款式，鞋舌较长，一条宽带横过鞋面并用带扣系紧。据说，僧侣鞋源自15世纪阿尔卑斯山僧侣的鞋款，但现代版的僧侣鞋最早出现在1927年的英国。其他欧洲国家后来也接受了这种款式。僧侣鞋不如牛津鞋正式，但比德比鞋更正式。

一则肯德尔广告宣称：“僧侣鞋是新热潮。”1935年，北安普敦的约翰·马洛父子公司以及陆军和海军商店也开始为女式僧侣鞋做广告，介绍女式僧侣鞋配有“带扣，由棕色或黑色小牛皮制成，一双只要30便士”。至此时，僧侣鞋上出现了多条较窄的横带。1942年，僧侣鞋成为最早使用木鞋底的款式之一。

鞋头盖

鞋头盖是指缝在鞋面上的一片椭圆形的皮革，一般出现在被称作挪威式或滑雪式的鞋款上，这种款式本质上源自莫卡辛鞋。

1936 年左右，英国男士着装更为休闲，鞋头盖的款式应运而生。这种款式在美国也流行起来，常见黑色、棕色和棕褐色的皮制款。

1948 年《鞋与皮革新闻》出版的专刊《呈现英国鞋与皮革》中的一页，展示了北安普敦郡伊顿（拉什登）有限公司 [Eaton & Co (Rushden) Ltd] 出品的男款鞋。

一双缝有鞋头盖的棕褐色男式无带皮鞋。这种 1936 年出现的新款式被称作挪威莫卡辛鞋，但当时人们将其称作“便鞋”。

双色鞋再次流行

经典的双色鞋本质上是牛津鞋或德比鞋，只是鞋头、后帮和鞋眼片的颜色不同而已。双色鞋虽然之前已经流行过一段时间，但20世纪30年代才在欧洲和美国达到流行的巅峰。

19世纪60年代以来，带有黑色或棕色配皮的白色皮鞋一直是流行的运动鞋款。1878年6月，英格兰的《靴子和鞋匠》(*Boot and Shoemaker*)杂志刊登了一幅约翰·罗布（John Lobb）为板球运动制作的靴子的图片。那是一只白色靴子，但后帮、鞋头、鞋眼片和脚背横带是由光滑的黑色皮革制成的，其中后帮指鞋帮在脚后跟交汇处的外部加固部位，而鞋眼片指在鞋面上带有鞋眼或鞋带孔的部位。据说，最初这种款式之所以被如此设计，是因为穿鞋人的这些部位在体育活动中磨损得最多。

双色鞋之名

20世纪20年代，双色鞋在美国的爵士时代成为时髦的日间鞋款。有人说，这种款式被称作“共同被告鞋”是源自行为不端的人，诸如离婚诉讼案中被指控通奸的共同被告。也有人说，“共同被告鞋”这一名称源于英格兰北安普敦莲花鞋业公司的拉西·亚历山大（Lacy Alexander）与职业高尔夫协会的汤姆森先生的一次谈话，谈话期间他们用“共同被告”来形容著名的“莲花多米一号”(Lotus Dormy One)高尔夫鞋，因为这款鞋是双色款式。无论怎样，“共同被告鞋”这个名字流传了下来。在美国，这种款式也被称作“观众鞋”，因为它是体育比赛和其他活动中观众们常穿的鞋款。

双色外观

20世纪20和30年代是双色鞋的鼎盛时期。双色鞋在蔚蓝海岸度假的富人中间非常流行，也是人们周末穿的流行鞋款。这种款式有许多不同的颜色组合，其中最受欢迎的三种颜色组合是黑色与白色搭配、棕色与白色搭配、米色与棕色搭配。钟爱双色鞋的名人包括好莱坞舞蹈家弗雷德·阿斯泰尔（Fred Astaire），他跳舞时喜欢穿轻便的双色鞋。温莎公爵也爱穿双色鞋，1925 年访问美国期间，他穿着棕褐色和白色搭配的双色鞋，1937 年他将双色鞋推广成高尔夫鞋。

双色鞋的双色外观也很受女性欢迎，尤其是在 20 世纪 30 年代。丘吉尔夫人曾穿过双色鞋，电影明星珍·哈露也曾穿过双色鞋，她穿的双色鞋上还饰有仿制贴花。

20 世纪 40 年代，一位气派的男子穿着双色的翼纹布洛克鞋，还搭配了丝制袜子和条纹裤。

一双 1930—1934 年间手工缝制的棕白双色男式布洛克牛津皮鞋，鞋头呈现出经典的翼纹。

运动员的鞋

这一时期，人们对体育运动和户外活动的兴趣日益浓厚。1936 年的奥运会不仅见证了美国运动员杰西·欧文斯（Jesse Owens）赢得 4 枚金牌、当面蔑视了阿道夫·希特勒，而且使公众注意到达斯勒兄弟生产的运动鞋。阿道夫·阿迪·达斯勒和鲁道夫·达斯勒两兄弟后来成立了 20 和 21 世纪最大的两家运动服装公司。

1923 年，阿迪·达斯勒开始手工制作运动鞋。他说服兄弟鲁道夫加入，并于 1924 年 7 月 1 日在家乡德国黑措根奥拉赫注册了达斯勒兄弟鞋业公司。1927 年，这家公司每天能生产 100 双鞋。

达斯勒兄弟开发了带有金属防滑钉的鞋，专门用于短跑和最长 800 米的中等距离赛跑。这款鞋的鞋面由山羊皮制成，内底由铬鞣剖层皮制成，鞋底由植鞣皮革制成。这款鞋重量轻，像手套般贴合足部，能提高运动员的比赛成绩。

在 1928 年的阿姆斯特丹奥运会上，运动员们第一次穿上这种特制的钉鞋。达斯勒兄弟鞋业公司貌似并未受到 20 世纪 30 年代大萧条的影响，继续稳步发展。在 1932 年的洛杉矶奥运会上，德国运动员阿瑟·约纳特（Arthur Jonath）穿着达斯勒跑鞋摘取了 100 米短跑的铜牌。

1936 年柏林奥运会见证了达斯勒兄弟鞋业公司最辉煌的时刻。杰西·欧文斯在 4 项比赛中都穿着达斯勒兄弟鞋业公司生产的鞋子，并斩获 4 枚金牌。亮眼的比赛成绩扩大了达斯勒兄弟鞋业公司的产品范围，1938 年达斯勒兄弟鞋业公司为 11 种体育赛事生产 30 种运动鞋，包括足球鞋、网球鞋和冰刀鞋。

阿迪达斯的诞生

尽管达斯勒兄弟共事多年，两兄弟之间还是发生了不可调和的争吵，只得分道扬镳。1948 年，鲁道夫创立了彪马公司。1949 年 8 月，阿迪注册了阿迪达斯公司，阿迪达斯是他的昵称与姓氏的组合，公司的官方名称是阿道夫·达斯勒阿迪达斯运动鞋厂。该公司的标志性三条纹于1949年首次使用，至今仍是世界上最著名的体育标志之一，也是阿迪达斯品牌的重要标识。

1936年8月，德国柏林奥运会的四冠王杰西·欧文斯。

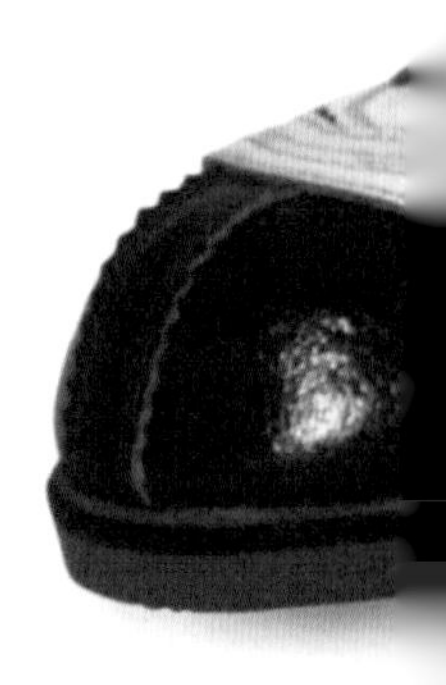

一只山羊皮的阿迪达斯跑鞋。1955年，克里斯托弗·查塔韦爵士（Sir Christopher Chattaway）穿着这双鞋在伦敦白城体育场4分钟内跑完了1英里（约1.6公里）。

1950—1959 年间，联邦德国制造的一双彪马深红色和奶油色男式皮制训练鞋。这双鞋上有彪马公司的早期标志——一只猫钻过大写字母 D，而 D 是达斯勒的英文首字母，所以这双鞋的制作年代早于著名的条纹标志出现的时间。这双鞋是现存最久远的彪马训练鞋之一，极其罕见。

战时限制

第二次世界大战的开始预示着制鞋业将发生巨大变化。战争初期，装配武装部队需要各国付出巨大的努力。此外，与一战相比，二战对平民的影响显然更大。

战争给民众生活带来了严重困难，欧洲各国政府和美国政府都出台了配给制和民用计划。平民虽然对各种限制并不满意，但他们更无法忍受成为不公平分配和投机倒把行为的最终受害者。然而，他们并没有反抗。

配给票和配给券

德国、法国和英国分别于1939年、1940年和1941年开始实行配给制。在困难时期，人们以为配给制对所有人都是公平的。这三个国家实行的配给制都采用了配给票，用其换取食物、衣服和鞋子。印发的配给表详细列出了各种物品所需的配给券数量。例如，英格兰1双男式靴子或鞋子需要7张配给券，而1双男童鞋只需要3张配给券。1对成人护腿需要3张配给券，而男童护腿需要2张配给券。每双成年女性的拖鞋、靴子或鞋子需要5张配给券，而女童的对应物品需要3张配给券。配给券的最初限额是每人每年66张，但1942年配给券的数量下降至48张。

美国的配给制度

战时的配给制度不限于欧洲国家。从1943年起，美国每人每年配发3双鞋，而且只有6种标准配色。美国的女鞋鞋跟高度被限制在2.5厘米以内，而在受到严格审查之前，英国的鞋跟高度高达5厘米。

民用标准

英国的民用计划必须遵守政府颁布的各类民用服装种类（限制）法令，因为该法令限制和监控民用服装使用的材料种类，并规定价格。

《物资供应限制令》可用于监控产品的质量。根据该限制令，各公司所生产的鞋子中 50% 符合民用标准，所生产的童鞋中 75% 符合民用标准。为了区分配给的鞋类和服装，这些物品都被打上了“民用”的标记。然而，民用标准广受诟病。

民用法令不仅着手监控质量，根据克里斯托弗・斯莱登（Christopher Sladen）的报道，还将“确保材料和劳动力的经济化使用，同时保证不影响产品的外观”。当时的知名设计师均曾操刀过民用品的设计，包括赫迪・雅曼、维克多・斯蒂贝尔和诺曼・哈特奈尔。

1942 年，一双女式水蟒皮宫廷皮鞋，鞋子衬里印有“民用”标记。

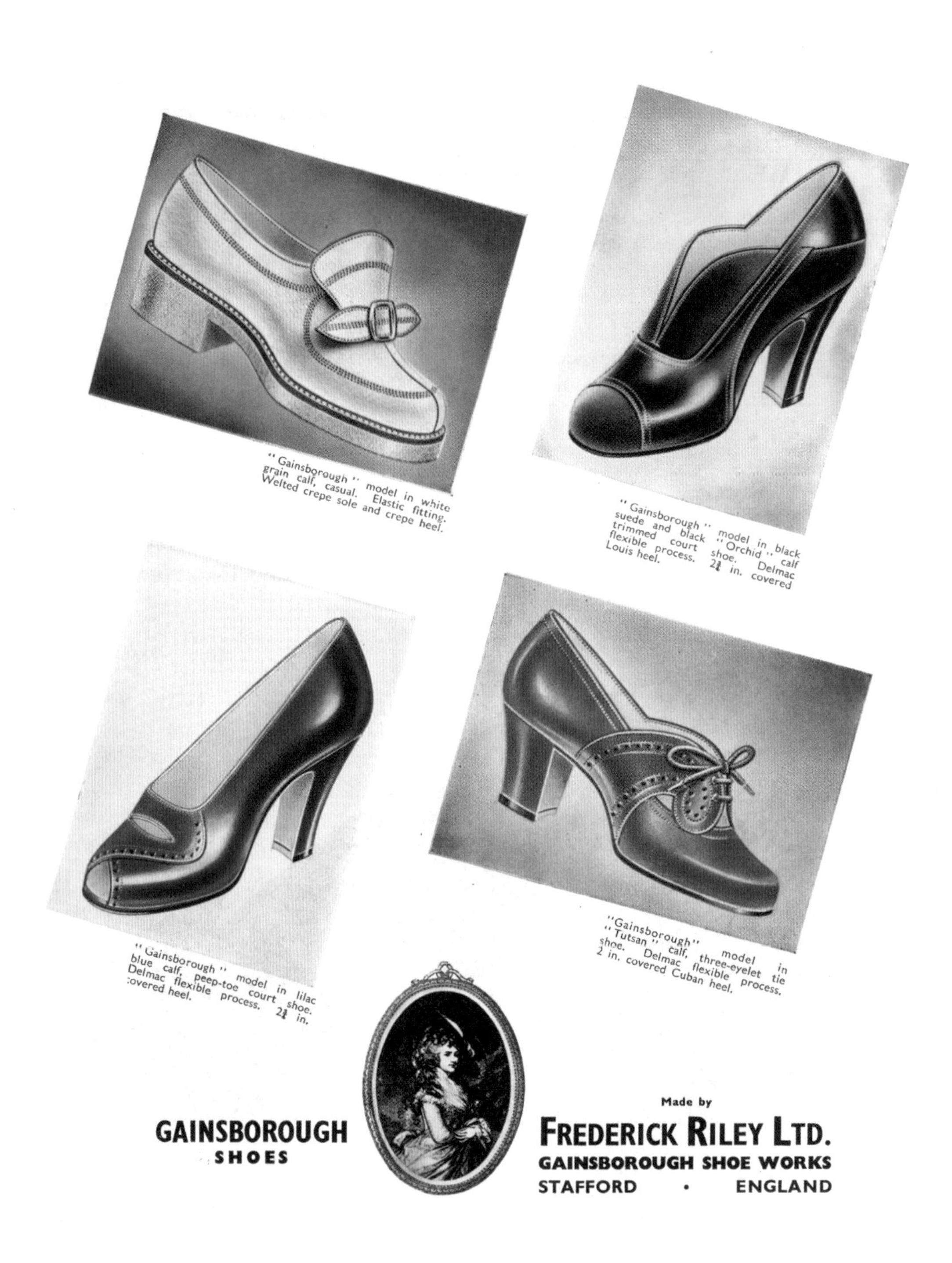

弗雷德里克·莱利有限公司（Frederick Riley Ltd）产品目录中的一页，展示了 1948 年英格兰斯塔福德市盖恩斯伯勒制鞋厂（Gainsborough Shoe Works）生产的一系列女鞋。

缝缝补补又三年

第二次世界大战期间，各国政府实施了各种限制令。老百姓们特别是女士们很快便能熟练地缝缝补补，修补衣橱里已有的衣物。鞋子当然也在修补之列，添加简单的刺绣，用人造珠宝装饰作点缀，利用染料改色，都能让破旧的鞋子焕发新生。

海报运动

英国政府打造了苏夫人（Mrs Sew and Sew）的形象，她是一位足智多谋、心灵手巧的女裁缝，鼓励大家对旧物进行独出心裁的修补翻新。女士们苦练制衣技能，用旧物做“新”衣，将旧床罩改成外套，将裤子改成整套的童装。纽扣、拉链和其他配件也被保存下来以便重复使用。创意是关键所在，但对没有太多制衣技能或天赋的人而言，这肯定是十分困难的。

这张名为《缝缝补补又三年》的海报创作于战争期间，海报提出了严肃的建议，要求民众在20世纪40年代的经济紧缩时期必须采纳这些建议。

许多传单也向民众宣传小妙招，对大家如何打理衣服、如何使用补丁和如何延长鞋子的寿命等给出建议。因为当时没有鞋油，传单上的小妙招建议人们把土豆切成两半，用土豆块来擦拭靴子和鞋子。

当时长筒袜十分稀有，女士们常重复利用套头毛衣上的羊毛线来织短袜。也有人把褐色肉汤直接涂抹在腿上，再用铅笔在腿的背面画出一条袜缝。当然，还要祈祷那天别下雨！

1947 年，一双女式坡跟横带皮鞋。这双鞋的鞋头配有冲孔装饰，呼应了布洛克的细节。这双鞋十分实用，红色的皮革也令人心情愉悦。

省钱的材料

战时配给制可能会让人们以为，战争年代所有的女鞋都单调无趣，然而事实并非如此。除了上千种实用的日常款式外，还有许多采用多种材料制成的创新性款式。

1936 年，萨尔瓦托·菲拉格慕推出的坡跟，在战时依然是流行的女式款式，尽管鞋跟高度变得较低。大量优质皮革被用来为部队生产鞋子，时装制造商只能随机应变。他们转向各式各样的材料，如果不是因为战争，这些材料可能会引发争议。比如，用珍奇稀有的皮革制成的高跟鞋或厚底鞋变得很常见，使用珍奇稀有的皮革能将原本质量不佳的鞋子变成令人惊艳的款式。鳄鱼皮、蜥蜴皮和蛇皮都被用作小牛皮的替代品。

对自然资源的利用在欧洲脱颖而出。挪威和丹麦拥有丰富的鱼类资源，所以生产了许多鱼皮鞋以及配套的手袋，鲽鱼是很受欢迎的选择。鲜艳的染色和鹅卵石花纹可以遮掩劣质的皮革。令人吃惊的是，这一时期颜色鲜艳的鞋子很受欢迎，因为能鼓舞士气。鞋底也采用了更便宜的替代品，包括软木、木材和绉布，而鞋面经常是由帆布、塑料、毛毡和酒椰树纤维制成的。

木底鞋

为了帮助解决战争期间鞋类短缺和限制问题，1943 年木底鞋出现了。一双男款木底鞋只需 2 张配给券，而女款需要 5 张。木底鞋能省去鞋底所需要的厚皮革，是能“弥补国家皮革短缺”的一种尝试。

尽管木底鞋只需少量的配给券，对皮革行业的支持也非常实际，但木底鞋未能吸引消费者。1944 年 8 月，《靴业协会报》（*The Boot Trades Association Gazette*）报道称：“虽然木底鞋减少了对皮革的需求，但零售商很难说服客户购买木底鞋。新鲜感消退后，零售商陷入维持销量的困境。”

1950 年，一双蓝色搭配金色的女式鱼皮晚装凉鞋。这双鞋与配套的拉绳手袋一同出售，由丹麦制造。

1945—1949 年间，一只蛇皮软木底女式露跟凉鞋，鞋内衬垫上印着“法国巴黎的芒甘（Manguins）”。

1947—1949 年间，北安普敦曼菲尔德父子工厂制造的一双女式系带鞋，鞋面镂空，由红色、绿色、蓝色、黄色和棕色的酒椰树纤维编织而成；鞋底是绉布橡胶底；鞋底边缘和鞋跟都贴有编织绳。

战时成就

第二次世界大战期间，欧洲和美国的工厂大规模生产军用鞋。制造商们大规模生产适用多种军事场景的靴子和鞋子。

战场不仅限于陆地和海上，还蔓延至极寒地区与热带地区、海底与沙漠。与此同时，女性也被征召入伍，在军队中从事非战斗性的工作。从1941年起，英国的鞋类产品中包括为皇家海军妇女服务队和辅助本土服务团制作的鞋子和靴子。从1942年起，美国的鞋类产品中包括为陆军妇女队和海军志愿紧急服役妇女队制作的鞋子和靴子。1945年2月，19岁的伊丽莎白公主加入了辅助本土服务团，后来成长为一名初级指挥官。北安普敦的黎明鞋业曾为伊丽莎白公主制作过一双棕色系带皮鞋，当时她在辅助本土服务团的军衔是第二中尉。北安普敦博物馆现在保存着这双鞋的复制品。

款式的多样性

战争时期对鞋子的款式有多种要求，包括飞机装配工靴，海军陆战队野外鞋，海军潜艇凉鞋，陆军护士白色系带鞋，滑雪靴，伞兵靴，阿拉斯加军靴，丛林靴，以及为极端的干冷气候所设计的、能穿进几双袜子的美国海豹皮靴。

制鞋厂的成立要达到政府规定的要求。从事战备生产的鞋厂均不遗余力地发挥作用，包括生产空军飞行靴的美国匡威和生产军靴的德国达斯勒工厂。不论生产民用鞋还是军用鞋，所有的制鞋企业都必须遵守严格的规章制度。1944年，美国出版了一本《战时术语规则全书》（*Wartime Encyclopaedia of Terminology Regulations*），书中强调："皮革、鞋类和皮革制品的每个经营阶段均受政府法规的约束，目的是保证军队的物资供应、节约重要物资并维持合理的价格。"例如，《战时术语规则全书》中关于运动鞋的条目规定："1944年9月，橡胶底的非皮制鞋被列为非限量供应物。"

一双 1943 年的逃生靴，其中一只靴子内的小口袋中仍藏着一把袖珍折刀。这双靴子由罗恩·基钦（Ron Kitchin）为英格兰北安普敦的海恩斯和卡恩鞋厂（Haynes and Cann）设计。

独特的逃生靴

这一时期英国出现的标志性款式之一是巧妙的逃生靴。它是一种高筒皮靴，靴筒内的防弹衬里由多层松散的丝织物制成，衬里上还有一层羊毛。一只逃生靴内有一个藏小刀的口袋，用这把小刀可以将靴筒与鞋面分离，靴子能变成普通的德比鞋，这正是逃生靴的独特之处。如果飞行员被迫在敌方领土遗弃飞机，他的衣服或许能融入周围环境，但其靴子显然会暴露身份。把其靴子变成普通款式的鞋子，飞行员被发现的概率便小得多。

注释

[1] “咆哮的二十年代”（Roaring Twenties）指北美地区（含美国和加拿大）20世纪20年代经济持续繁荣的时期。

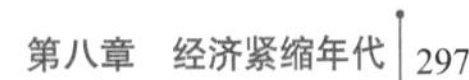

第九章 新时代

1947 年—20 世纪 70 年代

20世纪中期的乐观主义

第二次世界大战的破坏广泛又深远：欧洲的主要城市沦为一片废墟，家人被迫分离多年，很多人流离失所、无家可归，纳粹大屠杀的受害者和战争中阵亡的将士都遭受了巨大的个人损失。虽然战后满目疮痍，但很大程度上也正是因为这种惨状，各国才能以极其乐观的态度从战争的破坏中恢复。美国、德国、意大利、英国和日本等国进入了前所未有的发展阶段。快速的现代化和城市化迎来了中产阶级群体的扩大和生活水平的大幅提高。消费主义开始以前所未有的方式推动社会的发展。

回归女性化

二战结束后，各国鼓励女性结束战时工作回归家庭，回归妻子、母亲和家庭主妇等更为传统的角色。人们急于摆脱战时紧缩的经济，渴望追求魅力和美丽，但配给制度在欧洲大部分地区一直持续到20世纪50年代。尽管二战期间结实又实用的鞋子需要再过一段时间才会被淘汰，但放宽限制的那一天终将到来，人们对时尚的热情也将被再度点燃。战争初期略显轻浮的鱼嘴鞋，在女性中又重新流行起来，更高的鞋跟和短平上翘的鞋头也重回大众视野。

1947年，克里斯汀·迪奥（Christian Dior）推出了被称作“新风貌”的女装，改变了20世纪50年代女性的着装方式。迪奥的“新风貌”自然需要合适的鞋款与之搭配。20世纪30和40年代，实用的坡跟鞋和厚底鞋不再流行，取而代之的是细高跟的宫廷鞋，因为这种鞋才能完美衬托女人味十足的迪奥女装。50年代的10年也见证了生活条件的改善、经济的繁荣和美国摇滚乐的出现。正是在这一时期，青年一代出生了。

伦敦时尚

20 世纪 60 年代，时尚界发生了翻天覆地的变化，许多流行款式至今仍令人耳目一新、不显过时。60 年代初，巴黎设计师仍占主导地位，但正式的着装风格逐渐消失，取而代之的是一种更休闲、更性感的风格。随着 60 年代的推进，伦敦取代巴黎成为世界时尚之都。为了迎合青年一代的品位，时装精品店不断开张，而高级时装店备受打击。年长的女性想让自己看起来像其女儿那代人一样年轻苗条、双腿修长。这一时期出现了许多代表性的款式和时尚，包括玛莉·官（Mary Quant）的迷你裙，安德烈·库雷热（André Courrège）的太空装，还有深受音乐影响的着装风格，比如摩登派和嬉皮士。新型制衣材料的试验也非常普遍，纸、聚氯乙烯、塑料和可发姆人造皮革都成了制衣材料。

从厚底鞋到朋克风格

20 世纪 60 年代末，幻灭感深入人心，脚踩厚底鞋的摇滚歌手开启了纸醉金迷的 70 年代。但 1973 年的石油危机导致了全球经济的大萧条，对高耸厚底鞋的狂热也随之一去不复返，更为保守的款式顺势回归。70 年代，一种更休闲、更自然的风格从美国传入欧洲，其典型造型是蓝色牛仔裤搭配基克尔斯（Kickers）红色皮靴，由法国时尚达人丹尼尔·拉夫斯特（Daniel Raufest）设计的基克尔斯皮靴既舒适又时尚。

70 年代末，英国进入朋克叛逆时期。朋克们完全无视传统时尚，处处彰显“咄咄逼人”的侵略性和特立独行，他们选择的鞋款兼收并蓄、多种多样，包括细高跟宫廷鞋、尖头鞋和实用的马汀博士靴。

新风貌

直至 20 世纪 40 年代末，英国一直深陷战时紧缩的经济政策，而巴黎引领的法国高级时装设计与制作却再度兴起。法国的一位设计师于 1947

年推出了极其女性化的花冠系列，彻底征服了全世界。这位设计师正是克里斯汀·迪奥。

在美国被称作“新风貌”的迪奥风格，以收紧的腰部设计、宽阔飘逸的裙摆和高跟的宫廷鞋为主要特色，而彼时的高跟宫廷鞋正是细高跟鞋的前身。总体来看，迪奥风格代表了女性的优雅。

英国的政客们迅速批评了“新风貌”及其制作材料的奢侈浪费，但他们不过是逆流而行罢了。迪奥的设计非常有格调，令人耳目一新。多年来，女性们一直穿着强调实用性的服装，经历了定量配给和缝缝补补的苦日子，因此大西洋两岸的女性们渴望拥有迪奥的最新设计。迪奥的“新风貌”尽显女人味，在经历了战争所带来的艰难生活之后，这正是女性们所需要的款式。

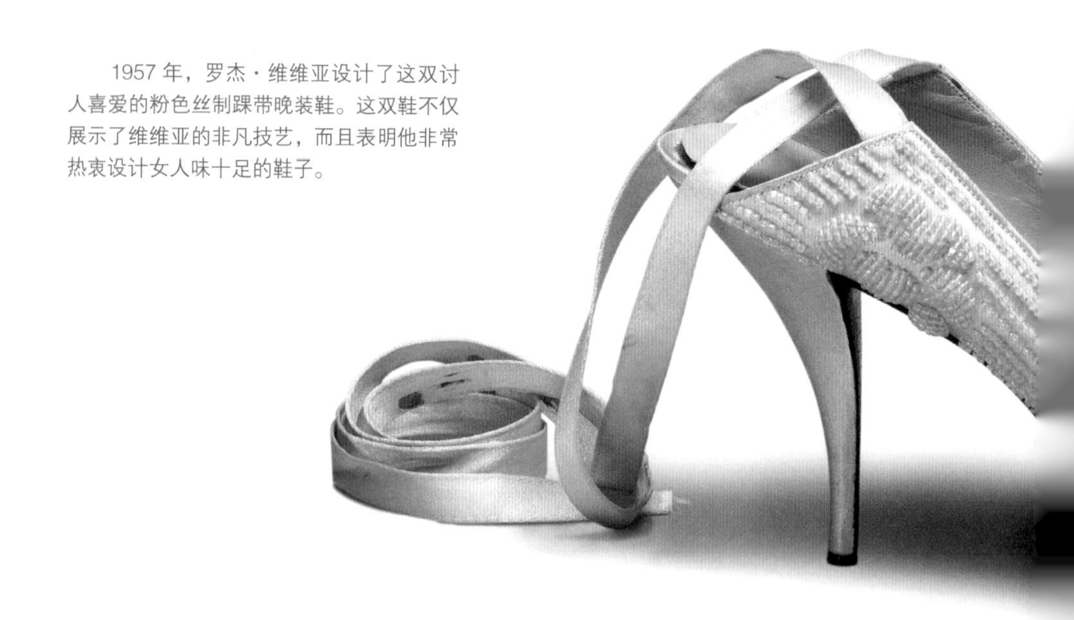

1957 年，罗杰·维维亚设计了这双讨人喜爱的粉色丝制踝带晚装鞋。这双鞋不仅展示了维维亚的非凡技艺，而且表明他非常热衷设计女人味十足的鞋子。

钢制鞋跟

高跟鞋早就存在，为了承受穿鞋人的重量，鞋跟必须足够粗，要么由层叠的皮革制成，要么由木头雕刻而成并贴上皮革或织物。但迪奥要求鞋子不仅要有加长的尖鞋头，还要有纤细的鞋跟。如何能制作出纤细的高跟呢？一开始，鞋匠在木制鞋跟中加入模制的金属杆，金属杆令更细的鞋跟拥有足够的支撑力。严格来说，这还不是“细高跟鞋”的那种细高跟，而且这种鞋跟的金属末端对木地板造成了一定程度的破坏，但这已经是未来鞋跟的先驱了。

1955 年左右，一双蓝色锦缎宫廷鞋。鞋内粉色缎面的衬垫上印着金字："克里斯汀・迪奥，哈罗德百货公司，伦敦。"这双鞋极其优雅，配有最新发明的细高跟。

细高跟鞋

克里斯汀·迪奥的“新风貌”推动了二战后制鞋业的发展。这个时代以活力和创新闻名，人们渴望走出阴霾，以乐观的精神迎接战后新时代的到来。细高跟鞋正是诞生在这样的历史背景之中。

巴黎再度引领潮流

巴黎再次成为时尚界的中心。据说，鞋履设计师罗杰·维维亚发明了细高跟。从1953年起，维维亚成为克里斯汀·迪奥的鞋履设计师，他不仅为迪奥高级时装系列设计定制鞋，也设计了与迪奥联名的一个成品鞋系列。不论是最初的高跟宫廷鞋还是后来的细高跟鞋，维维亚的设计完美衬托了迪奥的“新风貌”。究竟是不是维维亚发明了开创性的细高跟鞋，尚无定论。

维维亚抢占先机

罗杰·维维亚利用先进的注塑技术，创造出极其结实的塑料细高鞋跟，他将其称作“细针鞋跟”。

有人可能会说，维维亚只是运气好，因为他与迪奥合作时恰逢科技进步了，但实际上制造商和设计师多年来一直在努力打造这种鞋跟。因此，细高跟的发明应该被视为大

> “虽然我不知道是谁发明了高跟鞋，但所有的女人都应该感谢他。”
>
> ——玛丽莲·梦露

家共同努力的结果。法国的安德烈·佩鲁贾和查尔斯·卓丹（Charles Jourdan）痴迷于设计纤细的鞋跟，而美国的贝丝·莱文（Beth Levine）和赫尔曼·德尔曼也是如此，当然还有意大利的菲拉格慕。他们几乎要品尝到成功的滋味，却被迪奥高级时装的宣传攻势和维维亚的果断抢占了先机。

风靡全球

1953 年 9 月 10 日，英国《电讯报》首次报道了细高跟鞋。不久之后，欧洲和美国也接纳了这种款式。在意大利，细高跟鞋的鞋跟达到了新高度，吸引了包括玛丽莲·梦露在内的众多名人。记者吉米·斯塔尔（Jimmy Starr）的评论常被引用，他曾评价说玛丽莲“掌握了把鞋跟削去四分之一英寸（0.365 厘米）的诀窍，所以她走路时身姿摇曳、风情万种”。玛丽莲·梦露酷爱菲拉格慕的细高跟鞋，她穿着它们出演了《绅士爱美人》（*Gentlemen Prefer Blondes*）、《巴士站》（*Bus Stop*）和《七年之痒》等令人难忘的电影。

自相矛盾的细高跟鞋

高跟鞋是自相矛盾的存在。一方面，穿高跟鞋的人身姿挺拔、端庄美丽，让他人黯然失色。因此，穿高跟鞋的女人很快就能成为男性爱慕的对象。但另一方面，高跟鞋往往限制女性的活动，阻碍她们摆脱过度痴迷者的爱慕。

1958 年，一位模特在巴黎摆好拍照姿势，她穿着铅笔裙和细高跟鞋，都是当时最时髦的款式。

1960 年左右，克里斯汀·迪奥设计了这双樱桃红的锦缎细高跟宫廷鞋。每只鞋的鞋边饰有两个锦缎蝴蝶结，每个蝴蝶结的中心还镶着碎钻。

罗杰·维维亚

罗杰·维维亚是女鞋设计大师，他将精致的装饰、轻盈的触感和极致的精准巧妙地结合在一起，这种结合让他更加坚信成功的鞋子设计取决于形式的协调。维维亚拥有制作完美之物的超凡能力，因此他能跻身20世纪最具创新性和最受欢迎的设计师之列。

从20世纪30年代起，维维亚与美国制鞋商赫尔曼·德尔曼开始了长期合作。1937年，维维亚在时尚的巴黎皇家街开了他的第一家店，但他在二战期间被迫逃往纽约。流亡纽约的维维亚仍制作鞋子，直至战时限制令让他无法继续制鞋。二战结束后，维维亚马上返回巴黎，开始与迪奥合作，二人成为时尚史上最成功的合作伙伴之一。

除了因细高跟而广受赞誉之外，维维亚还推出了许多不同形状的鞋跟，包括逗号跟、金字塔跟、内弯跟（细长弯曲的细高跟）、蜗牛跟、细针鞋跟、马蹄跟、棱镜跟和球形跟（细高跟的末端有一个圆球）。如果维维亚被称作“鞋跟之王”，绝对不足为奇，他还是最早使用透明塑料的设计师之一。

1957年克里斯汀·迪奥去世后，维维亚开始为圣罗兰设计鞋子。20世纪50年代，他还曾为巴利和莱恩操刀设计。维维亚的设计通常拥有非常漂亮的装饰，因而价格十分昂贵，令人望而却步，并不是大众能消费的品牌。有人说维维亚的鞋子太美了，根本不用考虑是否适合穿在脚上。英国女王伊丽莎白二世是维维亚的一位名人客户，1953年她在加冕典礼上所穿的金色小山羊皮鞋正是出自维维亚之手。

> “我制作的鞋子如同雕塑一般。它们是典型的法式风格，充满巴黎时尚的魔力。”
>
> ——罗杰·维维亚

20 世纪 60 年代末，由罗杰 · 维维亚设计的女式丝绸宫廷鞋或浅口鞋，鞋上布满富有迷幻色彩的图案。

1961 年，罗杰·维维亚设计了这只饰有奢华珠饰的蓝色丝绸宫廷鞋。这只鞋被誉为“鞋中的法贝热彩蛋”，是维维亚将创新性的结构与引人注目的装饰巧妙结合在一起的完美范例。这只鞋配有维维亚代表性的逗号鞋跟，是致敬中东异国情调的便鞋款式。

经典宫廷鞋

从20世纪40年代末起，经典宫廷鞋占据了女鞋的主导地位。宫廷鞋最初于19世纪晚期出现，但至此时已成为20世纪50年代女性新风貌的代表以及未来潮流走向的缩影。

英国主要的宫廷鞋倡导者是著名的H. & M. 莱恩（H. & M. Rayne），其第一家鞋店于1920年在伦敦邦德街开业。

莱恩善于发现并紧跟新的流行趋势。20世纪50年代，他对在法国和意大利的新设计和技术创新产生了浓厚兴趣。同时，莱恩与纽约知名百货公司波道夫·古德曼（Bergdorf Goodman）和邦维特·特勒（Bonwit Teler）签订了授权协议，为他的公司带来了急需的国际推广机会。莱恩与德尔曼也有合作。

莱恩的设计

莱恩出品的鞋子均是经典款式，综合了安德烈·佩鲁贾和罗杰·维维亚的一些设计。莱恩出品的鞋子都是按照美国尺码制作的。1935年，莱恩出品的鞋子获得了英国皇室认证；1947年，莱恩为英国女王伊丽莎白二世制作了婚鞋；1958年，莱恩率先推出韦奇伍德浮雕鞋跟。其设计十分时尚，浮雕花环中有一个修女，鞋跟正面还有一颗浮雕小宝石，变换着蓝色、淡黄色和绿色的光泽。

20世纪60年代早期，莱恩开始制作一款改良的宫廷鞋，因为当时尖头的细高跟正逐渐失势。新款的宫廷鞋鞋头不再是细长的形状，而是方形的，常被称作“凿子鞋头”；鞋面被加宽加长，穿着感觉更加宽敞舒适；鞋跟比较高但非常厚实。这种鞋头形状是维维亚于 1961 年设计的。

新款宫廷鞋大获成功，在大西洋两岸备受推崇，尤其是受到温莎公爵夫人和杰奎琳·肯尼迪（Jacqueline Kennedy）等有影响力的人物的青睐。杰奎琳·肯尼迪身穿剪裁考究的套装，头戴圆形平顶帽，本身就是传统宫廷风格的代表。新款宫廷鞋还拥有一个引人注目的特点，即在鞋面边缘处

1953—1959 年，由 H. & M. 莱恩制作的一双金色网格女式穆勒鞋，鞋面上饰有碎钻。

增加了一个装饰元素，而这个装饰元素变化繁多，可能是碎钻，也可能是镶钻的装饰扣，或者其他装饰。在美国，这种鞋款被称作清教徒浅口鞋，得名自 17 世纪清教徒常穿的系有带扣的鞋子。但清教徒浅口鞋这一名称有些名不符实，因为早期清教徒鞋的出现时间比配有带扣的鞋早 40 年，比高跟鞋早 70 年！

1959 年，由 H. & M. 莱恩制作的一款女式宫廷皮鞋。图中这只鞋配有独特的韦奇伍德浮雕鞋跟，鞋跟上的浮雕花环内印有一位历史人物。

20 世纪 50 年代，由 H. & M. 莱恩制作的一双女式鱼嘴锦缎宫廷鞋。

尖头鞋和绒面革厚底鞋

战后时期迅速成为一个试验时期。从 1947 年起，美国的许多时尚风格获得了认可，宽裤腿的高腰裤搭配带垫肩的长夹克的“祖特装”正是其中之一。

恰逢独立的青年市场兴起，祖特装和其他类似的风格代表了新个人主义和独立自主。战后的年轻人迫切地想要表达他们的自由、青春和存在感。

尖鞋头

20 世纪 50 年代，男士时尚是窄腿裤搭配鞋头夸张的鞋款，鞋子的款式深受纽约哈莱姆区黑人和西班牙裔青年的影响。这种鞋款后来被称作尖头鞋，命名源自撬开食用螺的尖利大头针。虽然 20 世纪的尖头鞋是高跟的款式，但它仍与中世纪的波兰那鞋有明显的相似之处。女士们也穿上了尖鞋头的细高跟宫廷鞋。

厚绉胶底

这一时期还出现了另一种截然不同的鞋款，鞋面是绒面革制成的，鞋底是厚绉胶底。这种绒面革厚底款式也被称作“妓院逃单者”（brothel creeper）或“甲虫终结者”（beetle crusher）。之所以被称作“妓院逃单者”，是因为穿这种鞋可以不发出一点儿声响地溜出妓院，从而逃掉嫖资；之所以被称作“甲虫终结者”，是因为厚鞋底是踩死小虫子的完美选择。

泰迪男孩穿着紧身瘦腿裤和带天鹅绒衣领的爱德华式长夹克，系着窄领带，厚绉胶底鞋深受他们的喜爱。

“（‘妓院逃单者’）这一名称清楚表明了穿鞋人的性别。这款鞋毫不掩饰地宣扬着男子气概，堪称工人阶级的沙漠靴；不过‘妓院逃单者’鞋有些盛气凌人，而沙漠靴更温文尔雅。”

——1989 年，时尚历史学家科林·麦克道尔（Colin McDowell）在《时尚与幻想》（*Fashion and Fantasy*）中对“妓院逃单者”鞋的描述

1950 年 4 月 13 日，《鞋履和皮革记录》（*The Shoe and Leather Record*）记录道：“（这是）大胆的穿着风格。年轻人需要一双更引人注目的男鞋……或者这是源于穿着招摇的风俗？对绉胶底的坡跟有很大的需求量……鞋头也必须十分惹眼。棕褐色的鞋面更好搭配复古服装。”

为什么要选用绉胶底呢？因为它相对便宜又十分耐穿，它的弹性、耐用性和防滑性也很好，虽然当时对上述性能几乎没有要求。或许，男士们被拔高的身高所吸引？总之，厚绉胶底鞋与尖头鞋的风格完全不同。

一双 1950—1955 年间的厚绉胶底男式皮鞋。

1960 年，由意大利“完美鞋匠”（Ideal Shoemakers）设计的一双精致的灰色仿鳄鱼皮男式尖头鞋，鞋面泛着珍珠般的色泽，黑色小牛皮的拼接部分配有鞋扣。这双鞋是英国仿制的意大利风格鞋款，造价比“意大利制造”低得多。

青年一代的崛起

20 世纪 50 年代初，几乎没人意识到世界正进入一个更加充满活力和变化的时代。50 年代的前半段依旧保守，人们努力适应二战后的变化。然而，前有战前紧缩政策的影响，现有日渐繁荣的经济和不断进步的技术，一场革命即将到来。

随着 50 年代的向前推进，人们不断高涨的乐观情绪遭遇了源自美国的音乐新浪潮——摇滚乐。比尔·哈利（Bill Haley）和他的彗星乐团演唱的《昼夜摇滚》（*Rock Around the Clock*）引爆了这种新音乐形式，摇滚乐既让人兴奋不已，也让许多人产生了危机感。摇滚乐队成员所穿的服装开始影响年轻人的渴望、需求和衣着。

青年一代的选择

青年一代成长于二战前，所以他们曾是一副小大人儿的严肃模样，俨然是父母的翻版，但 20 世纪 50 年代时他们严肃认真的模样已然非常过时了。“青年一代”诞生了，他们有权选择与父母不同的生活方式。陈旧古板的规矩和传统曾经支配着每个人的生活，决定着人们的穿着和行为方式，而与摇滚乐紧密联系在一起的时尚潮流让那些规矩和传统变得不再严苛，甚至可被完全摈弃。

美国演员马龙·白兰度在《飞车党》中饰演的角色，与詹姆斯·迪恩在《无因的反叛》中饰演的角色，都是既危险又令人兴奋的形象，而这正是青年一代所向往的新形象。两位美国演员引领了蓝色牛仔裤、黑色皮夹克和运动鞋的穿着时尚。谁能不被迪恩漫不经心的魅力所吸引呢？

新款鞋

舞池里挤满了扎着马尾辫的女孩子，她们在多层衬裙上套好齐膝宽摆裙，脚穿白色波比袜和无带芭蕾平底鞋，而男孩们穿着 T 恤衫和牛仔裤。

1954 年，在朋友家与异性约会并一起跳舞的美国青年一代。

这种年轻的穿衣潮流需要搭配款式年轻的鞋子。芭蕾平底鞋简单又清新，1957 年奥黛丽 · 赫本曾在电影《甜姐儿》中穿过一双芭蕾平底鞋，带火了这种款式。低跟的系带马鞍鞋也很受欢迎，还曾推出双色版本，通常是白色配黑色。上述两种鞋款都代表女孩们在反抗母亲那一代人钟爱的细高跟鞋。

一只男式蓝白斑点帆布运动靴，1965—1966 年间由英国的克拉克父子有限公司（Clark & Sons Ltd）制作。

1964 年，意大利制作的一双男式灯芯绒系带沙漠靴，鞋底是低跟的橡胶底。

长筒女靴

20 世纪 60 年代开启了一个充满了冒险和可能性的新世界。迷你裙最能代表“摇摆的六十年代”，人们的目光被迷你裙下年轻又纤细的双腿所吸引，自然而然也留意到鞋子。英国媒体大肆宣扬：“双腿从未如此引人瞩目！”

及膝长靴

这是一个长筒女靴的时代。英国的典型款式是及膝的黑色皮靴，灵感来自地下世界的恋物癖俱乐部。罗杰·维维亚受 17 世纪高及大腿的长筒军靴的影响，为包括鲁道夫·纽瑞耶夫（Rudolf Nureyev）在内的许多名人制作了长筒靴。摇滚明星的模特女友们也穿长筒靴，电视连续剧《复仇者》（*The Avengers*）中由霍纳尔·布莱克曼（Honor Blackman）饰演的凯茜·盖尔和由黛安娜·里格（Diana Rigg）饰演的艾玛·皮尔也穿着长筒靴。

在大西洋彼岸，美国摇摆靴（Go-Go boot）得名于美国芝加哥和好莱坞的迪斯科舞厅 Whisky a Go Go。摇摆靴是一款高及小腿的靴子，于 20 世纪 60 年代末发展成及膝版本。不论靴筒高度如何，摇摆靴均配有不再尖细的方鞋头。摇摆靴分为不同的款式，有带侧拉链或后拉链的版本，后来还出现了带松紧筒边的版本，也有前系带的版本。所有版本的摇摆靴都是平跟或低跟的款式。

美国的贝丝·莱文和赫伯特·莱文（Herbert Levine）设计了经典的弹力长筒靴，它看起来像一只配有透明亚克力鞋跟的长筒袜。莱文夫妇还设计了靴子和裤子合二为一的整体款式。

踝靴

披头士靴成了男士们的热门选择。披头士靴是前缝合切尔西靴的高跟版本，配有尖鞋头和古巴高跟。托尼·考尔德（Tony Calder）曾解释说："布莱恩·爱泼斯坦在伦敦梅菲尔区一家名为'阿内罗和戴维德'的舞蹈用品店里看到了一双绒面革靴子，它们制作精美，非常柔软。它们是舞蹈用鞋，并没有搭配通用鞋底，所以布莱恩让人采用合适的鞋底和鞋跟来制作同款的靴子。后来，这款靴子被称作披头士靴。"

"高筒靴，中筒靴，
高及小腿的时髦靴，
棕色靴，黑色靴，
漆皮的长筒靴，
短靴，长靴，
长及大腿的靴子更可爱，
我们爱所有的靴子。"

——霍纳尔·布莱克曼和帕特里克·麦克尼（Patrick Macnee）演唱的排行榜金曲《长筒女靴》（*Kinky Boots*），1965年由迪卡唱片公司发行

内森·克拉克（Nathan Clark）来自英格兰斯特里特的其乐[1]家族，他设计的沙漠靴于20世纪60年代风靡一时。二战期间为在缅甸作战的士兵们设计的靴子，是沙漠靴的设计灵感来源。1949年，其乐在芝加哥鞋展上推出了沙漠靴。15年后，沙漠靴才进入欧洲，但恰逢1968年欧洲学生骚乱，滚石乐队也穿上了沙漠靴。它是十分简单的款式，鞋底由绉胶底制成，只配有两个穿鞋带的鞋眼。但从那时起，沙漠靴的款式基本没有改变过。

20世纪60年代，演员黛安娜·里格在《复仇者》中饰演艾玛·皮尔，她穿着标志性的紧身连体皮衣和一双长筒女靴。

20 世纪 60 年代末，一双黑色绒面革拼接漆皮的女式侧拉链靴子，靴筒内的标签写着“贝克蒂夫 / 埃丽卡”（Bective/Erika）。

玛莉·官

玛莉·官是20世纪60年代最具影响力的设计师之一。1956年，玛莉·官和丈夫在伦敦的国王路开了一家名为巴萨的服装店，从此开启了她的时尚设计之路。巴萨出售的服装款式既简单又现代，没有高级时装那么正式，但比量产的商业街款式更有吸引力。玛莉·官打造的新造型既时髦又现代，当然需要能与之搭配的鞋款。

这一时期最重要的鞋款，均迎合了始于20世纪50年代青年一代的爆发式增长。电影女演员碧姬·芭铎（Brigitte Bardot）曾说过，高级定制时装是为“祖母们”设计的。模特崔姬（Twiggy）的小女孩形象，与童真的低跟或平底横带方头鞋更配。白色蕾丝裤袜也为“儿童派对”似的造型增色不少。当时流行的鞋款，在美国被称作玛丽珍鞋（Mary Janes）。

合成材料革命

20世纪60年代，制鞋材料的选择范围更广，甚至包括塑料和诸如可发姆人造皮革等合成材料。可发姆人造皮革是皮革的替代品，由杜邦公司生产，首次亮相于1963年的芝加哥鞋展。可发姆人造皮革十分耐用，光泽持久而且防水，但它的缺点是没有皮革的弹性。新型合成材料表面常覆有一层光亮面或类似漆皮的高光面。宝石颜色的漆皮很受欢迎，包括红色、绿色、蓝色、白色，特别是紫红色。

在此期间，玛莉·官推出了标志性的注塑塑料踝靴。这种踝靴由透明塑料制成，内衬是鲜艳的全棉原色弹性布。这种靴子既有趣又时髦，能完美搭配迷你裙的造型，靴子的鞋跟上还印有玛莉·官的雏菊商标。玛莉·官与安德烈·库雷热助力及膝长筒靴成为20世纪60年代最流行的款式之一。

1967 年，玛莉・官标志性的黄色注塑塑料靴子，内衬是针织弹性布。

1966 年，英国模特崔姬穿着迷你裙和红色漆皮横带鞋。

1965年，一双黑色配紫色女式漆皮横带鞋，是在法国专门为英国鞋店克利福德·特纳（Clifford Turner）制作的。

“太空时代”系列

20 世纪 60 年代见证了苏联和美国之间的太空竞赛。1969 年，人类首次登上月球，太空竞赛达到巅峰。在此期间，时装设计师们深受启发，尤其是法国设计师安德烈·库雷热，他于 1964 年推出了“太空时代”系列。“太空时代”系列的主要特色包括几何形状、闪亮的白色长靴、护目镜和由未来风十足的面料制成的荧光色短裙。

库雷热设计的靴子是闪亮的白色无带靴或柔软的小山羊皮无带靴，通常是平底或低跟的款式，既时髦又舒适，是 20 世纪 60 年代的标志性靴子。库雷热后来推出的靴子在腿内侧采用拉链或维可牢尼龙搭扣，并采用方形鞋头。库雷热设计的靴子是 20 世纪被模仿最多的鞋款之一，这让他十分烦恼。包括德尔曼、拉威尔和库尔特·盖格在内的多家公司都推出了价格更低的类似款式。英格兰北安普敦的莲花公司也推出了自己的版本，由黑色聚氯乙烯制成，带有白色条纹，以 Career Brand 之名推出并销售。

皮尔·卡丹（Pierre Cardin）也紧随其后，于 1967 年推出了以月球为灵感的系列，利用已有新材料，在未来感十足的白色和银色中融入了塑料、维可牢尼龙搭扣和高科技纤维。

1966 年，帕科·拉巴纳（Paco Rabanne）也制作了太空装，他为《太空英雌芭芭丽娜》（*Barbarella*）等电影设计服装，带火了这种造型。

一位模特身穿库雷热设计的白色配橙色的方格套裙，头戴配套的帽子。一双库雷热标志性的白色太空时代靴使整个造型更加完整。

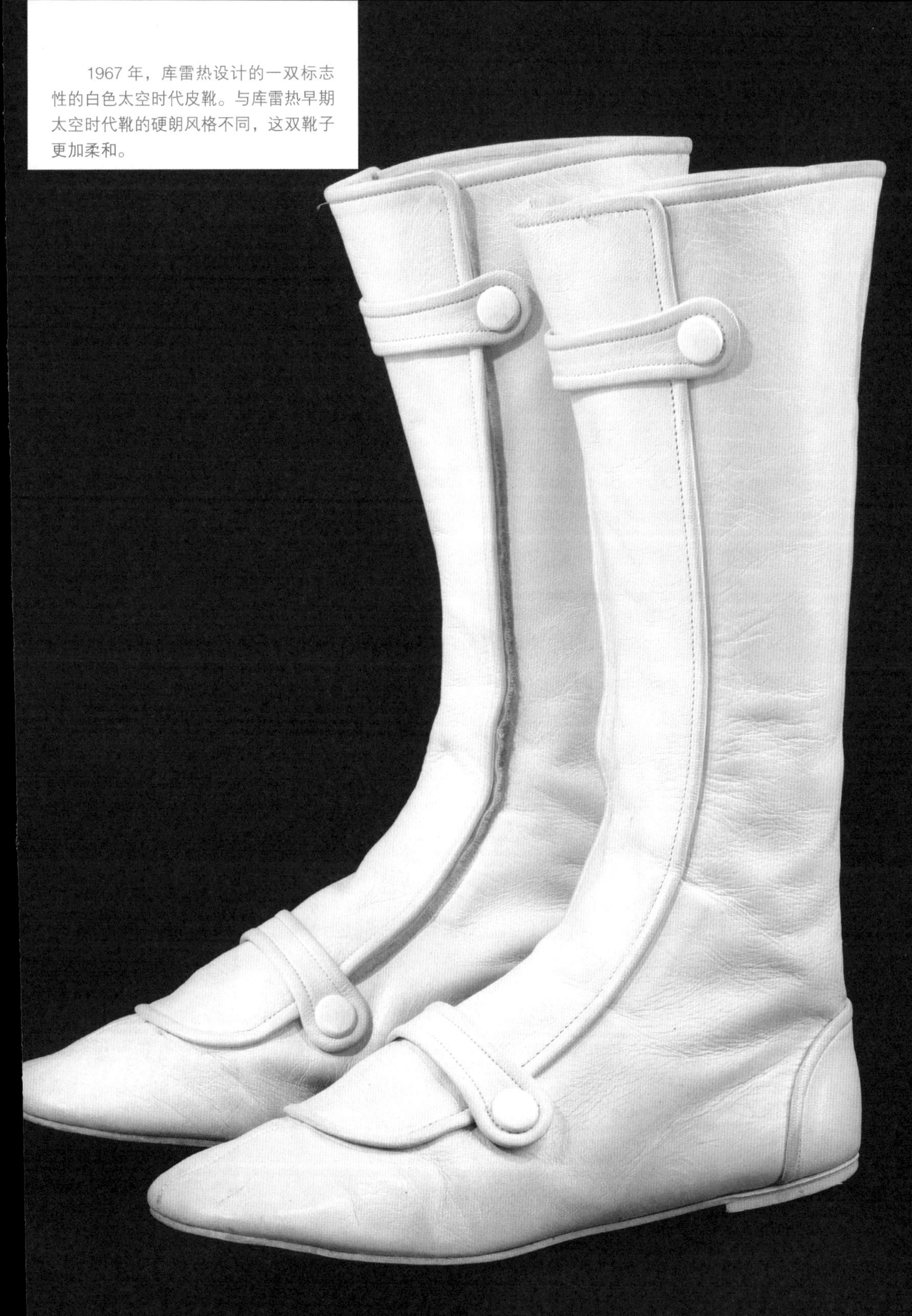

1967年，库雷热设计的一双标志性的白色太空时代皮靴。与库雷热早期太空时代靴的硬朗风格不同，这双靴子更加柔和。

“权力归花儿”

20 世纪 60 年代末，源自美国西海岸的嬉皮士造型跨越了大西洋。美国卷入越南战争，加上消费主义的兴起，让许多美国人心中充满怀疑又倍感疲惫。60 年代的热情和活力开始消退，人们逐渐转向其他途径。

这一时期，源自东方的宗教变得更具吸引力。设计师们把从非西方文化中借鉴而来的色彩、图案和质感与波希米亚式审美结合在一起。鞋子的款式也反映了日益增强的少数族裔影响。休闲的混搭风催生了男士长发潮流、粗棉布喇叭裤、佩斯利花纹衬衫、脸部和身体彩绘以及大量的珠子装饰。任何能显示曾跨国游历印度和摩洛哥的宽大衣服，都是非常时髦的。

嬉皮士鞋

这一时期，鞋款的选择主要包括系带的皮凉鞋、带流苏的彩色皮革或绒面革的拼缝靴以及软皮无带鞋。款式简单的平底系带皮凉鞋上饰有宝石，凸显了来自东方的影响，而 20 世纪 60 年代的中东厚木底凉鞋也经常出现在时尚拍摄中。

靴子的风格更具迷幻色彩，常绘有超凡脱俗的旋涡图案。靴子的款式不再是未来风的太空时代流线型款式，而是回归到更久远、更柔和、更浪漫的款式。70 年代，靴子因款式相对传统而被称作“奶奶靴”。

美国“垮掉派”诗人艾伦·金斯堡创造了“权力归花儿”这一说法，它概括了当时的政治氛围。这一说法后来代表了嬉皮士运动，嬉皮士们偏爱自由流畅、色彩鲜艳，甚至带有迷幻色彩的花卉织物。

1974年左右，一双女式绒面革前系带靴子，饰有用彩色棉线绣制的花卉图案。靴子上的刺绣是库尔特·盖格委托杰里·爱德华·杰罗尔德（Jerry Edouard Jerrold）的希腊工作室完成的。

传奇的厚底鞋

1971 年，总部设在伦敦的《泰晤士报》控诉道："怪物靴子的楔形鞋底足有棒槌那么厚，活像维多利亚时代兰开夏郡工厂生产的又丑又笨的老古董！"厚底鞋到底是时髦又迷人，还是荒谬又不实用呢？厚底鞋是 20 世纪 70 年代的缩影，许多人认为这是被时尚遗忘的 10 年，但也有人认为厚底鞋是最后一个真正有辨识度、并非昙花一现的新款式。

1967 年，鞋子设计师再次推出了厚鞋底。20 世纪 30 和 40 年代，厚鞋底最后一次在鞋子上出现。在那之前，厚鞋底是中世纪威尼斯高底鞋的一个特点。不论男款还是女款，厚底鞋的高度堪称荒唐，特别是迷幻摇滚传奇人物所穿的厚底鞋。艾尔顿·约翰（Elton John）和大卫·鲍伊（David Bowie）等人脚踩 15—18 厘米高的银色叠层底，走起路来摇摇晃晃。在伦敦，彼芭的所有者芭芭拉·胡兰尼克（Barbara Hulanicki）和设计师特里·德·哈维兰（Terry de Havilland）也推广了厚底鞋。

"我实在无法想象有谁会稀罕穿平底鞋的年轻妹子……"

——特里·德·哈维兰

厚底鞋和喇叭裤

并不是每个人都喜欢"迷幻摇滚"风格，但夸张又不实用的厚底鞋却渗透至商业街时尚领域，在那里购物的男男女女都穿着厚底鞋。厚底鞋配上喇叭裤是一种独特的造型。高度适中的厚底鞋还算比较优雅，但随着鞋底的厚度增高，厚底鞋会变形，与腿部不成比例，穿着厚底鞋的人看起来就像穿着矫形鞋一样。英国百代新闻电影资料库中有一则当时的新闻："它们（厚底鞋）看起来不太安全，我不知道它们对脚有何影响，但制造商和时尚编辑却说'别担心，厚底鞋看起来很棒'。"

各种各样的材料被用于创造这个时代的惊人造型：金属色皮革，软木，绉橡胶，有纹理的纺织品，绳子、皮革或塑料包裹着的木材。在美国被称作拖鞋的厚木底穆勒鞋又高又笨，但非常受欢迎。

Kork-Ease 是在美国很受欢迎的一个软木底凉鞋品牌，它是商场里的常驻品牌，当时颇受一些名人的青睐，因为软木底凉鞋的款式十分休闲，采用天然皮革制成的带子和轻便的软木厚底。

20 世纪 70 年代，有部动画片刻画了一位即将被捕的女子，她穿着非常高的厚底鞋。她冲警察喊道：“别过来！要不然我就（从厚底鞋上）跳下去！”1974 年初，对厚底鞋的狂热开始衰退。女士们再次穿上了女性化的高跟鞋，厚底鞋的身影慢慢远去。

包括玛丽·海尔文（Marie Helvin，图右）在内的时装模特们，都穿上了时髦的短款连体裤和日本设计师山本宽斋设计的高筒厚底靴。

一双银色女式带扣皮鞋，配有厚鞋底和令人惊艳的细腰形鞋跟。这双鞋是 1975 年左右由加拿大的约翰·弗沃科（John Fluevog）为萨夏设计的，是迪斯科时代古怪风格的典型代表。

特里·德·哈维兰

特里·德·哈维兰是20世纪70年代标志性的设计师和鞋匠之一，至今仍在制鞋[2]。过去40年里，特里·德·哈维兰创造出一些最有女人味、最性感的鞋子。过去和现在的年轻摇滚女孩都想拥有他设计制作的鞋子。

哈维兰的金属色皮革和稀有皮革的厚底凉鞋，不但展现出20世纪70年代的魅力，还引领了包括蛇皮在内的稀有皮革的短暂风潮，当时有多位设计师都钟爱稀有皮革。

哈维兰的父亲在伦敦西区拥有一家名为韦弗利鞋业的鞋厂，哈维兰曾在那里工作过一阵。哈维兰短暂旅居意大利之后，于20世纪60年代接管了父亲的工厂，开始设计并制作自己的独特鞋款。他制作的所有鞋子都是高跟或坡跟款式，他的招牌设计均采用染色或泛着金属光泽的蛇皮。哈维兰1969年设计的一些款式堪称经久不衰，其中包括被称作蕾拉的三层坡跟搭配踝带的款式。1972年，哈维兰在伦敦国王路开了一家名为“世界鞋匠”的鞋店。

美学竞争

哈维兰设计制作的鞋子极受追捧，当时几乎所有潮流人物都穿过他的鞋子，包括碧安卡·贾格尔（Bianca Jagger）、安妮塔·帕伦伯格（Anita Pallenburg）、安琪·鲍伊和大卫·鲍伊夫妇以及凯特·摩斯（Kate Moss）。哈维兰为蒂姆·克里（Tim Curry）设计了在《洛基恐怖秀》（*Rocky Horror Picture Show*）中穿的鞋子，让细高跟鞋重回桑德拉·罗德斯（Zandra Rhodes）的时装秀，还为杰姬·奥纳西斯（Jackie Onassis）制作了带有红色丝质内衬的黑色过膝皮靴。1979年，哈维兰最梦幻的设计问世，即著名的Zebedee穆勒鞋。这款鞋的鞋面上有两条横过脚背的绒面革皮带，两条皮带中间夹着一个闪电形的装饰；鞋跟呈现惊奇的螺旋状效果，被做成金属线的样子。这款鞋有不同的配色版本，比如金色闪电搭配黑色绒面革。

20 世纪 70 年代末，哈维兰陷入与朋克的美学竞争，他那些曾经迷人的鞋子不再受欢迎。他转入地下并创立神风鞋业，为哥特式场景制作鞋子，设计的款式主要是用骷髅头、饰钉和尖刺装饰的带扣尖头鞋。哈维兰随后创立了魔法鞋公司，制作出令人叹为观止的全息厚底靴。虽然他再次取得了成功，但财务和健康问题迫使他退居二线。正如所有的美好终究会重现，如今特里·德·哈维兰再次回归，继续制作无与伦比的厚底鞋和坡跟鞋。

2013 年 4 月，英国模特凯特·摩丝穿着哈维兰的坡跟鞋，现身他伦敦新店的开业仪式。

1975年左右，由哈维兰设计制作的迪斯科女王款鞋子。这只厚底凉鞋由仿鳄鱼皮的绿色金属皮革制成，并配有踝带。

朋克爆发

女王伊丽莎白二世登基25周年之际，性手枪乐队发行了一首无政府主义单曲《上帝保佑女王》(*God Save the Queen*)。于是，朋克于1976年一炮而红，风靡了整个1977年。

朋克的破洞T恤衫上往往印着粗鲁的口号，还别有安全别针，朋克的裤子是带“屁帘儿”的绑带直筒裤，朋克的发型是五颜六色的钉子头或莫西干头。朋克刻意的惊人造型和发型都表达了朋克运动对中产阶级的嫌恶，对新潮少女乐迷与迷幻摇滚乐手无聊互动的反感。

朋克的鞋子选择也十分多元，包括绉胶底的厚软底鞋和尖头鞋，也包括细高跟鞋和马汀博士靴。朋克在设计造型时经常把毫无关联的单品胡乱搭配在一起，所以朋克造型简直是一种无序的创造。在街上看到类似的造型很难判定其风格归属，但街头时尚评论家泰德·波尔希默斯(Ted Polhemus)发掘了伦敦布洛格斯的广告。布洛格斯在为两款鞋做广告：“专门为反权威的女中豪杰所设计的反叛靴”，以及为“捣蛋分子”设计的“配有踝链和安全别针的靴子”。这两款鞋都是颠覆性的细高跟款式。

绑带系列

设计师维维安·韦斯特伍德和合作伙伴马尔科姆·麦克拉伦(Malcolm McLaren)在伦敦的国王路开了一家服装店，1974年他们把这家店命名为“性”。他们推出了绑带系列，用绑带、拉链、饰钉、带扣和链子大面积地装饰黑色皮革和其他面料。当时，韦斯特伍德的鞋履系列中有用皮带和带扣装饰的绑带靴，与绑带裤子和整体造型一脉相承。

朋克的标配：漂白的钉子发型、米字旗T恤衫、破烂的紧身裤袜、镶钉颈圈，当然，还有一双多孔的马汀博士靴。

1975 年至 20 世纪 80 年代，英格兰莱斯特的文森特鞋业有限公司（Vincent Shoes Ltd）为“牛仔”品牌制作的男式黑色绒面革拼接仿豹皮的僧侣鞋。20 世纪 80 年代，豹纹等动物图案在时尚界大为流行。

马汀博士靴

马汀博士靴适合所有人吗？马汀博士靴最初是用来改善人们健康状况的靴子，但随着时光的流逝，它成了工薪阶层所钟爱的靴子，最后成为时尚标杆。朋克、摩登派青年和光头党等群体都穿过马汀博士靴，所以马汀博士的品牌故事堪称跌宕起伏。

曾经拥有过马汀博士靴的人，看到其他人穿马汀博士靴时，都会涌起怀旧之情，除非他或她正脚踩马汀博士靴。

出身卑微

虽然马汀博士靴拥有良好的历史传承，但与当今的最新鞋款一样均是现代产物。马汀博士靴的起源可以追溯到 1945 年，克劳斯·梅滕斯（Klaus Märtens）医生度假滑雪时扭伤了脚踝，由于找不到合适的靴子，他亲自设计并用软皮和气垫鞋底制作了一双靴子。梅滕斯医生并没有独自开始商业冒险，他与老朋友赫伯特·冯克（Herbert Funck）医生合伙开始生产这种靴子，靴子最初的定位是保护足部的舒适款式。

大获成功

1959 年，公司的规模发展迅速，梅滕斯和冯克希望公司能走向国际化。来自英国北安普敦伍拉斯顿的 R. 格里格斯集团购买了专利权，并开始在英国生产马汀博士靴。1960 年 4 月 1 日，在经历了改名和鞋跟的改造，增加了标志性的黄色缝线和气垫鞋底后，第一批马汀博士靴走下生产线，即 1460 款马汀博士靴。标志性的 1460 款马汀博士靴是棕红色前系带的 8 孔踝靴。“1460”中的“1”代表 1 日，“4”代表 4 月，“1460”就是 1960 年 4 月 1 日，第一批马汀博士靴诞生的日期。

多用途靴

对邮递员、警察和工人等职业来说，马汀博士靴非常实用。自从马汀博士靴在英国推出以来，几乎所有人都穿这种靴子，包括学生、朋克、父母一代。并非所有人都喜欢马汀博士靴，有人认为它太男性化又过于普通，但这款靴子仍然成为 20 世纪下半叶最经典的鞋款之一。

标志性的 1460 款 8 孔樱桃红马汀博士靴。1960 年 4 月 1 日第一批马汀博士靴走下生产线，1460 款由此得名。

马汀博士鞋的制造商 R. 格里格斯集团一直具有前瞻性和创新性，推出了这双令人惊艳的女式布洛克鞋。这双鞋由拥有闪亮金属光泽的阿尼尔莫比多（Anilmorbido）皮革制成，搭配拜占庭丝绸，创造出一种新奇的组合。丝绸是 2011 年在英国萨福克郡的斯蒂芬·沃尔特斯父子（Stephen Walters & Son）工厂定制的高品质花纹丝绸。

新必备单品

运动鞋、慢跑鞋、跑步鞋、橡胶球鞋、胶底运动鞋、浅口鞋、橡胶底帆布鞋、船鞋、高帮鞋、鱼头鞋、波波鞋、钉鞋……你的运动鞋叫什么？

20 世纪 70 年代之前，虽然邓禄普的“绿闪电”、匡威和科迪斯等传奇运动品牌已然崛起，但胶底运动鞋主要是运动员为了舒适度和提高运动成绩才穿的鞋子。70 年代运动鞋的使用群体开始发生变化，因为阿迪达斯、彪马和耐克等受新兴市场驱动的公司取代了传统的运动鞋生产商。这些公司在生产个人专业运动鞋的同时，已经意识到：如果把不起眼的运动鞋打造成现代生活中必不可少的单品，经济效益和世界范围内的领先地位都将唾手可得。

名人代言

运动品牌公司在广告宣传中启用运动员后，市场竞争压力随之增大。粉丝们对偶像们脚上穿什么鞋子和他们的搭配方式越来越感兴趣。70 年代末，彪马认识到普通人群体的购买力远超专业运动员群体，所以在广告宣传中采取了双管齐下的策略，“篮球运动员”和“穿休闲服的人”都出现在广告宣传中。

运动鞋原本只针对不同运动门类，突然间同时兼顾了各种不同的运动类别和新兴的青年市场以及蓬勃发展的休闲市场。既有为篮球、健美操、交叉训练、滑板、网球设计的运动鞋，也有符合舞会文化和适合嘻哈场景的运动鞋。

健身狂

20 世纪 70 和 80 年代的健美操和慢跑热潮，让西方人痴迷于运动。健康和健身变成了吸引力和成功的同义词，运动鞋也随之变成了极其重

20 世纪 80 年代中期，健美操成为健身大热门。大多数西方女性跟着最新流行音乐的节拍迈步、跳跃和下蹲。

要、能增强人设说服力的单品。在健美操热潮中，锐步从耐克手中抢占了市场先机，专门为女性生产了一款运动鞋。1977 年，耐克的广告语是“人生没有终点”，鼓励消费者投入一生来提升自我，跟上最新的时尚潮流。

越来越多的厂商达成了共识：消费者根据运动品牌所树立的形象和为其代言的体育明星，就能决定自己的品牌选择。丰富的运动鞋种类并不是赢得消费者的唯一因素，因为消费者也在选择生活方式。在广告推广中，运动鞋被看作解决日常问题的灵丹妙药，是日常生活中的必需品。运动鞋可以提升你的表现，让你更健康，让你看起来更动人，让你更成功，让你对异性更具吸引力……一言以蔽之，运动鞋能让你像体育明星和偶像那样酷。

1979—1980 年间，一双夏威夷印花元素的耐克女式运动鞋，鞋面由绒面革和织物制成。从技术层面看，这双鞋只是基础款，但出挑的花卉图案和限量的销售策略让这款鞋成为当时最受追捧的款式之一。

艺术鞋：只能看，不能摸

鞋子可以是十分实用的，也可以是非常美丽的，但在20世纪70年代它们还是艺术品。正是在这10年间，雕塑艺术形式的鞋子为人们所接受。这么说也许有点儿戏，但事实一直都十分有趣。虽然许多艺术款的鞋子只是纯粹的装饰品，但仍有一些艺术款的鞋子是可以穿的。

在1979年英国手工艺协会举办的鞋展上，1790年以来的英国鞋子展现出人们对鞋子的痴迷，这让许多人大吃一惊。人们不仅对鞋子的款式和历史感兴趣，而且对鞋子与雕塑相似的神奇事实十分感兴趣。

西娅·卡达布拉

20世纪70年代，西娅·卡达布拉设计的鞋子充满幻想，被当作可穿着的艺术品出售。她的名言是："穿上美妙的鞋子着实是一种令人振奋的体验。"卡达布拉围绕主题进行设计，三维图案是她的设计特色，为她的创作增添了戏剧性。她最著名的设计是"云与彩虹""龙""女仆与蝙蝠"。"云和彩虹"实际上是一款蓝色的绒面革宫廷鞋，但它是一款令人惊叹的鞋子，因为皮革彩虹和代表雨点的珠串巧妙地搭配在一起。

加萨·鲍恩

1978年以来，国际著名雕塑家加萨·鲍恩（Gaza Bowen）多次举办展览。广义上，她的作品探索了人与物品之间的非语言交流。近些年来，她一直专注于鞋子的结构、历史、文化含义和社会意义。她制作了"红鞋读物"和著名的"凝灰岩拖鞋"，而后者是用百洁布装饰的女式穆勒鞋。

坎迪斯·巴胡斯

在沃克鞋业的技术支持下，坎迪斯·巴胡斯（Candace Bahouth）设计

1979 年，西娅·卡达布拉设计的“云与彩虹”。粉红色和黄色的云朵滴着由串珠制作的雨点，鞋面中央还立着一块银色皮革的闪电。

并制作了令人惊叹的冬春靴。这双靴子是 1979 年英国手工艺协会委托制作的。它们由粉红色的织锦制成，配有代表冬季和春季的装饰，包括春天的花鸟和呈霜冻色彩的冬季花鸟，鞋跟是用合成材料制成的绿草坡跟。然而，这双靴子并不是适合穿的实用鞋款。

red shoe reader

注释

[1] 其乐（Clarks）是全球知名鞋履品牌，1825年创立于英格兰的萨默塞特郡。

[2] 作者写作本书时哈维兰尚在人世，但后者于2019年去世。——编注

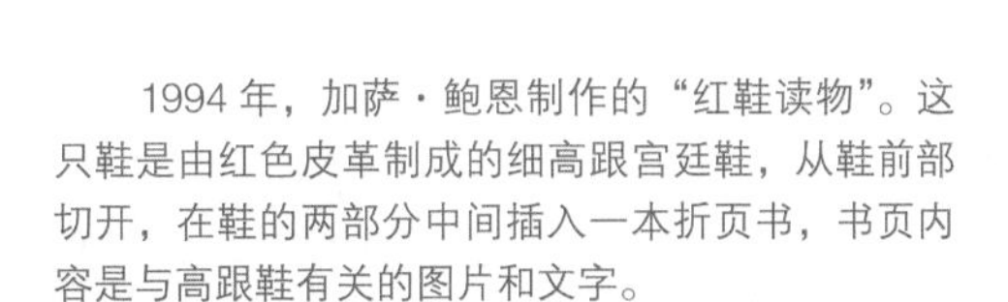

1994 年，加萨·鲍恩制作的“红鞋读物”。这只鞋是由红色皮革制成的细高跟宫廷鞋，从鞋前部切开，在鞋的两部分中间插入一本折页书，书页内容是与高跟鞋有关的图片和文字。

第十章 多元化的时代

20世纪80年代至今

品牌意识

20 世纪 80 年代末的繁荣岁月预示着，在接下来的 10 年内，人们将痴迷于设计师品牌，有时甚至痴迷于奢侈品。古驰品牌再度焕发活力，推出了必备单品马衔扣乐福鞋，阿玛尼的西装和路易威登的配饰也成了时尚必备品。与此同时，各大品牌发现，高端产品的市场已经萎缩了，因为这是一个多元化的时代，也是一个以更低价格吸引更大主流市场的时代。

在 20 世纪的最后 25 年里，各大设计师品牌均推出了配饰系列和成衣系列，并采用了特许经营的模式，以期实现最佳的资本积累。如果你无力购买整套行头，为了表达对未来的期许，你至少可以买一双鞋或一个手提包。80 年代的过度消费，说明商业十分繁荣而且人们拥有大笔可支配的金钱，同时也意味着职场女性必须穿着得体。剪裁考究的套装、配套的配饰再加上一双高跟鞋，正是女性权威着装的标配。雅皮士 [1]（指向社会更高阶层爬升的年轻职业人士）穿着巴伯尔 [2] 夹克、蝴蝶结衬衫和赫特威灵顿靴，形成了独特的着装风格。

运动热潮

20 世纪 70 年代，健身操和慢跑热潮造就了一个痴迷于锻炼和自我提升的时代。上健身操课或在公园慢跑时，运动鞋十分重要，因为穿上运动鞋能立刻提升运动表现。运动鞋以前只是专门的运动装备，到这个时候不仅面向种类丰富的各种运动，还面向新兴的青年市场和休闲娱乐行业。这一时期的运动鞋种类繁多，几乎所有的运动和众多的休闲活动都有专门的运动鞋可供选择。整个 80 年代，运动鞋都在市场中占主导地位，甚至连穿套装的美国职业女性都穿着运动鞋走路上班，今天依然如此。运动鞋仅次于人字拖，是目前世界上第二流行的鞋款。对许多人来说，运动鞋已成为现代生活方式中不可或缺的一部分，每个人都渴望拥有自己所喜爱品牌的最新款运动鞋。

知往鉴今

20 世纪 90 年代，原创鞋款已经十分少见。设计师们更倾向于聚焦历史款式，推出复古风的系列鞋款。尽管公众只能讪笑，时尚界却对维维安·韦斯特伍德的厚底鞋赞叹不已，更不用提她的服装系列在时尚界造成了怎样的轰动。90 年代，厚底鞋重返历史舞台。辣妹组合及其追随者所穿的高耸厚底鞋和巴福罗运动鞋，正是这一风潮的缩影。

与此同时，在“回归自然”的氛围中，实用耐穿的勃肯凉鞋出现了，人们还对素食产品产生了兴趣。尽管有些人只在户外才穿结实耐用的添柏岚靴子，但同运动鞋一样，款式和品牌有时远胜过实用性。除了运动，人们在所有场合都可穿运动鞋，在大多数的都市环境中也能见到添柏岚靴子的身影。

展望未来

20 世纪 90 年代，马诺洛·伯拉尼克、周仰杰[3]和克里斯提·鲁布托等人成为家喻户晓的人物，知名鞋履设计师开始崛起。人们处处都在谈论鞋子，比如在杂志、流行的电视节目和红毯上。我们对买鞋和穿鞋的痴迷，对鞋履设计师的痴迷，丝毫没有减弱的迹象，因为新设计师总是即将登场。

权威着装

20 世纪 80 年代是一个注重形象的时代，也是一个追求设计师品牌和权威着装的时代。虽然有人批评古驰所代表的只是金钱而非时尚，古驰的品牌价值仅取决于穿古驰的人，但古驰的乐福鞋依然是财富和地位的象征，当然只有正品而非仿品才具有这种效果。

1979—1990 年，英国首相玛格丽特·撒切尔在欧洲政治舞台上独领风骚，她是一位在男权世界里拥有权力和实力的女性。权威着装通常指女性穿男性化、剪裁考究的西服，而西服上的加大垫肩又强调了穿衣人的存在感。撒切尔代表了 20 世纪 80 年代人们对权威着装的痴迷。权威着装常搭配一丝不乱的发型、完美的妆容和夸张的大耳环，当然权威着装的整体造型也需搭配令人惊艳的鞋子，而细针高跟的宫廷鞋正是不二之选。

商业街上的服装店和顶级设计师都对权威着装进行了解读，并推出了自己的设计。不少书籍都鼓励人们重视着装，包括社会评论家约翰·莫洛伊（John T. Molloy）于 1980 年出版的《为成功而打扮：女士版》（*Women: Dress for Success*）一书。同时期个性珠宝和亮红色口红的流行，使权威着装风格的女性得以保持女性化的一面。

20 世纪 80 年代，电视荧幕上出现了衣着光鲜的悍妇形象，她们标志性的时尚元素包括超大垫肩、高耸蓬松的发型和高跟鞋。在《豪门恩怨》（*Dynasty*）中，琼·科林斯（Joan Collins）扮演的亚历克斯·卡灵顿（Alexis Carrington）完美诠释了荧幕悍妇的形象，既富有女性魅力又富有胆识。饰有碎钻和宝石的黑色皮革或绒面革高跟鞋，是荧幕悍妇形象的关键组成部分。

在 1988 年的美国电影《上班女郎》（*Working Girl*）中，黛丝·麦吉尔（Tess McGill）曾说道："我既有商业头脑，又有惹火的身材，这有什么不对吗？"她的演绎既抓住了职业女性的神韵，也从未忽略小女人的一面。

巴黎鞋履设计师莫德·弗里宗[4]深谙这个时代的风格，她标志性的锥形鞋跟出现在许多宫廷鞋上。锥形鞋跟的顶部较宽，向下逐渐变细。其他设计师紧随其后，布鲁诺·马格利（Bruno Magli）和查尔斯·卓丹等人也推出了类似的设计。

20 世纪 80 年代，零售商罗素与布罗姆利（Russell & Bromley）出售的一双女式多色丝绸穆勒鞋。明亮的霓虹颜色和精致的鞋面装饰，搭配上高鞋跟，正是当时最受欢迎的鞋款。

20 世纪 90 年代，詹尼 · 范思哲（Gianni Versace）在意大利制造的一双黑色绒面革晚装宫廷鞋，细高跟上镶满了碎钻。

对鞋的迷恋

对大多数人来说，真正的恋鞋癖看起来非常奇怪，但我们对性的态度在过去30年里发生了变化，恋鞋癖因而得以融入主流时尚。商业街上随处可见恋物的时尚风格，但你不必迎合恋物癖的行为，也不必效仿维维安·韦斯特伍德、让–保罗·高提耶（Jean-Paul Gaultier）或克里斯提·鲁布托穿上恋物癖的时装。

鞋子在情欲幻想中占有一席之地的想法最早出现于18世纪，因为1769年法国作家雷斯蒂夫·德·拉·布勒托纳（Restif de la Bretonne）出版了小说《芳舍特之足》（*Le Pied de Fanchette*）。小说中，故事的讲述者偷走雇主妻子的鞋，粉红色的鞋舌、绿色的鞋跟和鞋头上的玫瑰花都让他兴奋不已。

恋鞋癖有多种不同的表现形式。或许鞋子的样式、尺寸或鞋子的触感能让人兴奋，或许鞋子触发了一段记忆或某种性幻想。虽然收藏大量鞋子的通常是女性，但对鞋子产生恋物癖式迷恋的往往是男性。

鞋子的颜色和质地十分重要，其中黑色颇受欢迎，与红色不相上下。典型的恋鞋癖元素包括：尖细的鞋跟、湿乎乎的外观、聚氯乙烯、漆皮的光泽、紧系的蕾丝、皮带和带扣。无处不在的高跟鞋通常是恋物者的钟爱之物。鞋跟会限制穿鞋人的行动，暗示着一种束缚，而有些人认为这种束缚充满情欲。恋物癖鞋上的皮带、挂锁、饰钉和尖钉意味着顺从，时尚历史学家安妮·霍兰德（Anne Hollander）认为，这意味着足部被“当作美貌的奴隶”，供奴隶主随意支配。款式最简单、最不张扬的鞋子往往能引发最强烈的情感反应。

> “恋物癖：从无生命物体或性器官以外的身体部分获得性满足的一种状况。”
>
> ——《柯林斯简明英语词典》
>
> （*Collins Concise English Dictionary*）

一只女式黑色漆皮踝带鞋。一个穿着宫廷鞋、戴着长手套的裸体女性人偶立在鞋喉处，与踝带组成了 T 字带。这双鞋是受英国手工艺协会委托为“鞋展：1790 年以来的英国鞋子”而设计的，该鞋展于 1978 年举行。这一基础款的宫廷鞋是由阿根廷设计师鲁道夫·阿扎罗（Rodolfo Azaro）设计的。

芭蕾鞋的现代演绎，碧昂丝的 MV《绿灯》让这款鞋一举成名。

马诺洛·伯拉尼克

让一个人随便说出一位鞋履设计师，即使他对鞋子毫无兴趣，他也一定会说出马诺洛·伯拉尼克的名字。伯拉尼克于20世纪70年代初开始创业，他的名字常与时尚界的潮流走向紧密联系在一起。伯拉尼克的鞋子优雅而有趣、精致又有女人味，电影明星、皇室成员以及维多利亚·贝克汉姆、凯特·摩丝和碧安卡·贾格尔等时尚达人，都因他设计的鞋子而足下生辉。

对一些人来说，马诺洛·伯拉尼克的鞋子是终极必备单品。每个人都想拥有一双马诺洛鞋，几乎没有女人能抵抗它们的魅力。麦当娜对马诺洛鞋的评价常被引用，她曾评价说马诺洛鞋实在棒极了，因为它们“比性快感更持久”。

大师技艺

伯拉尼克的设计融合了艺术家的想象力和鞋匠的技艺细节。他的鞋子永不过时，因为他不是为了迎合不断变化的时尚潮流而设计鞋款，而是与已有款式进行对话并着眼于未来。伯拉尼克的设计基于时尚界的影响和消费者的钟爱款式，但他的灵感可以来自任何地方，比如一种气味、一幅画或一种情绪。然而，他成功的关键在于他与生俱来的、重新诠释已有鞋款的能力，他从未直接模仿，而是挑选一个18世纪的细节，或者从一双乔治王朝时期的便鞋上感知一种情绪，然后着手创造出原创的现代鞋款，同时呼应已有鞋款的风格。

马诺洛鞋的成功证明了它们绝对美丽，十足优雅，经典耐穿且永不过时。马诺洛鞋在瞬息万变的时尚潮流中屹立不倒，从未追随时尚，却永不过时。

伯拉尼克没有助手和学徒，他以一己之力设计了自己名下的所有鞋款。20世纪70年代，他以设计男鞋起步，但最终发现男鞋的设计局限性太大。

欲望都市

HBO电视剧《欲望都市》中酷爱鞋子的主角凯莉·布拉德肖（Carrie Bradshaw）曾多次提到伯拉尼克，确立了他在鞋履历史上的决定性地位。凯莉酷爱买鞋，马诺洛鞋总是占据她购鞋清单的首位。剧中还有一个经典场景：凯莉午饭后在纽约苏豪区走错了路，在一条脏兮兮的小巷里遭遇了抢劫。她哀求劫匪："先生，你可以拿走我的芬迪法棍包，你也可以拿走我的戒指和手表，但求你不要抢走我的马诺洛·伯拉尼克鞋。"不幸的是，劫匪只抢了凯莉的马诺洛·伯拉尼克鞋，那可是她最喜欢的系带凉鞋。这一幕让所有人注意到了这个高品质、必须拥有的品牌。

> "我对纯正的英国布洛克鞋简直无计可施！如果不采用男士时尚元素，英国布洛克鞋压根没有提升的空间，但我个人又不喜欢男士时尚元素！"
>
> ——马诺洛·伯拉尼克

2009年，"摩登不夜城"（Fashion's Night Out）活动中，伯拉尼克在纽约的一家马诺洛·伯拉尼克鞋店里摆好拍照姿势。

这双 2002 年的波点靴，结合了当代艺术家达明安・赫斯特（Damien Hirst）的才华和鞋匠伯拉尼克的精湛技艺。这双靴子是细高跟的款式，对 20 世纪 60 年代摇摆靴进行了现代解读，并采用了赫斯特设计的间隔均匀、大小相同的波点图案。

明星代言

体育界传奇人物与运动鞋公司之间的关系，最能概括明星代言的魔力。20 世纪 70 年代以来，广告发挥了巨大的作用，不起眼的功能性运动鞋变成了生活方式的选择，因为运动鞋能体现穿鞋人的性格、兴趣、态度和风格。

明星代言并不是一个新现象。为了形容顶级篮球运动员代言的运动鞋所彰显的明星地位，匡威创造了“运动鞋中的豪车”这一表达。早在 20 世纪 20 年代，“查克”就成了查尔斯 · 查克 · 泰勒的专属球鞋。20 世纪 70 年代，匡威与 NBA 明星球员“J 博士”朱利叶斯 · 欧文（Julius ‘Dr J’ Erving）签约。商业广告中的“J 博士”，让大众对他选择的鞋子、他穿鞋的方式，甚至他穿鞋时的态度产生了兴趣。

迈克尔 · 乔丹

耐克的“飞人乔丹”篮球鞋完美概括了明星代言的狂热，它堪称 20 世纪 80 年代的代表性运动鞋，因为它向大众灌输了明星代言、崇尚运动、大众吸引力和高性能等概念。耐克当时在已经饱和的市场中举步维艰，邀请篮球明星迈克尔 · 乔丹代言改变了耐克公司的命运。

乔丹当时已经代言了其他品牌，他更喜欢阿迪达斯或匡威，所以耐克最初的邀约石沉大海。因为受到教练和父母的影响，乔丹才接受了为他打造一个专属全新系列运动鞋的提议。

耐克与乔丹签订了一份为期 5 年、价值 250 万美元的合同，并设计了一个带翅膀向上飞升的篮球作为“飞人乔丹”的标志。“飞人乔丹”横空出世，彻底撼动了整个行业。篮球运动鞋之前一直是白色的，但“飞人乔丹”亮眼的红黑配色让其他鞋款都显得苍白不堪、不值一提。NBA 明令禁止乔丹穿“飞人乔丹”篮球鞋，但他不顾高额罚款继续脚踩“飞人乔丹”驰骋球场，高额的罚款当然由耐克掏腰包。这场争议和乔丹的

1998年3月8日，迈克尔·乔丹穿着原版耐克篮球鞋，在美国纽约麦迪逊广场花园参加最后一场比赛。

精湛表现让“乔丹一代”变得家喻户晓。自 1985 年以来，“飞人乔丹”的每一版篮球鞋都是极为紧俏的热销单品。

1985 年，红黑配色的耐克“乔丹一代”皮制高帮篮球鞋，正是这一经典款式让耐克一跃成为全球超级品牌。

维维安·韦斯特伍德

不论你是爱她还是讨厌她，你都不可能对维维安·韦斯特伍德视而不见，更不可能对她在鞋子和服装上的大胆设计充耳不闻。20 世纪 70 年代，韦斯特伍德和马尔科姆·麦克拉伦在伦敦国王路起步，后来韦斯特伍德被誉为时尚界的西太后。

韦斯特伍德的设计、态度和行为必然会引起轩然大波。她是邪恶又危险的疯女人，还是具有开创性的天才？人们要么崇拜她的设计并穿上她设计的服装招摇过市，要么认为她设计的衣服和鞋子既可笑又古怪，根本没法穿。

韦斯特伍德最初是一名服装设计师，因为没有合适的鞋子搭配她设计的服装，她才开始设计鞋子。她的设计兼收并蓄，一边着眼于过去，从历史款式中汲取灵感，一边在传统中冒险，创造出极具原创性的作品。

维维安·韦斯特伍德的设计生涯为世人所熟知。1971 年，她和马尔科姆·麦克拉伦在伦敦国王路 430 号开了一间名为“让它摇滚吧”的店铺。1972 年，这家店用“骷髅旗”重塑形象，并更名为“活得太快，死得太早”。这家店专门出售印有煽动性口号的 T 恤衫，1974 年又更名为“性”。20 世纪 70 年代中期，这家店再次改头换面，更名为“骚乱分子”，把性恋物癖的皮带和拉链应用在时尚产品上，引发了 DIY 美学。朋克风就这样诞生了。

后期设计

1980 年，韦斯特伍德的店铺经历了又一次改名，“世界末日”这一店名得以沿用至今。1981 年，韦斯特伍德推出了“海盗”系列，该系列中的靴子饰有独特的曲线图案，并采用多条皮带的系带方式。紧随其后的是 1982—1983 年秋冬推出的“布法罗女孩”系列，以及 1985 年春夏推出的以木马厚底鞋为代表的“迷你蓬裙”系列。虽然韦斯特伍德所有的鞋子都极具标志性，但其设计巅峰之作一定是超高吉利厚底鞋。模特娜奥米·坎贝尔（Naomi Campbell）穿着这双鞋在巴黎T台走秀时意外摔倒，让韦斯特伍德设计的这双超高厚底鞋一下子蹿红时尚界。

> “稍微不适的鞋子会凸显人们的姿态，从而迫使人们关注行走的方式。”
>
> ——维维安·韦斯特伍德

1997年左右，维维安·韦斯特伍德设计的棕色皮革和鳄鱼皮拼接的女式木马厚底鞋。

1999 年，维维安·韦斯特伍德设计的绿色仿鳄鱼皮的女式超高吉利厚底鞋。

科德维纳学院[5]

20 世纪 80 年代，英国涌现出一批令人耳目一新的鞋履设计师，他们中的许多人都拥有科德维纳学院的学习背景。在世界范围内，不论过去还是现在，伦敦的科德维纳学院一直都是培训制鞋人才和制革人才的顶级学府。一些最具创新性、最具创造力、最为成功的制鞋人才和设计师都曾在该学院求学，包括帕特里克·考克斯（Patrick Cox）、周仰杰、埃玛·霍普（Emma Hope）和乔治娜·古德曼（Georgina Goodman）。

本土人才

埃玛·霍普毕业于科德维纳学院，于 1985 年创立了自己的品牌。她的品牌口号“足部华服”完美地概括了其鞋子优雅和女人味儿十足的特点。她还为保罗·史密斯（Paul Smith）、迈宝瑞[6]和安娜·苏（Anna Sui）设计过产品。如今，全世界 150 多家店铺出售埃玛·霍普设计的鞋子和手提包。

约翰·摩尔（John Moore）1984 年从科德维纳学院毕业，他设计了一些非常有趣的鞋子。他的作品不拘一格，包括方头运动鞋、金色的拖拉机底鞋和防滑橡胶底细高跟鞋。他与帕特里克·考克斯都曾为维维安·韦斯特伍德工作。1987 年，他与克里斯托弗·内梅特（Christopher Nemeth）、理查德·托里（Richard Torry）和珠宝设计师朱迪·布莱恩（Judy Blane）在伦敦共同创立了“美丽与文化之家”，以展示他们 20 世纪 80 年代末和 90 年代初的作品。

约翰尼·莫克（Johnny Moke）既是鞋履设计师，也是时装设计师。设计师安东尼·普莱斯（Anthony Price）仍然记得莫克为他 1988 年的时装秀而设计制作的“精美的超高跟黑色缎面鞋”。这款鞋的鞋底由“浅粉桃色皮革”制成，“突出了细针般的高跟，让亚思密·乐邦、塔丽萨·索托和娜奥米·坎贝尔等模特看上去更加美艳不可方物”。莫克原名约翰·约瑟夫·罗利（John Joseph Rowley），他对时尚有浓厚的兴趣，并通过设计鞋子和其他时尚单品来进行表达。莫克在 13 岁时就曾购入一双珍珠鳄鱼皮的登森鞋，这双鞋配有古巴跟和金色带扣。1983 年，莫克开了几家店，其中一家位于伦敦国王路，麦当娜、米克·贾格尔和汤姆·克鲁斯等大牌明星都是他的顾客。

国际校友

出生于马来西亚的周仰杰 1989 年从科德维纳学院毕业，毕业不久他便开始为戴安娜王妃制作鞋履，也为布鲁斯·奥德菲尔德（Bruce Oldfield）和贾斯珀·康兰（Jasper Conran）等设计师设计鞋子。周仰杰在美国很受欢迎，波道夫·古德曼百货、萨克斯第五大道精品百货店和老佛爷百货都出售他所设计的鞋子。

加拿大裔的帕特里克·考克斯在巴黎和纽约的麦迪逊大道都拥有店面。他设计的“无所不能”系列是在意大利制作的，在国际上大获成功。“无所不能”系列是 20 世纪 90 年代初期的时尚缩影，是一种长鞋舌的无带鞋，鞋舌上有时饰有带扣或皮带，有时什么装饰也没有。“无所不能”系列的乐福鞋于 1993—1994 年秋冬推出，一经面市便引发轰动，第一季的销售量超过 2 万双。这一款式非常流行，考克斯的伦敦店面不得不聘用一名门卫专门负责店外排起的长队。每一季，基础款的“无所不能”乐福鞋都会推出一系列全新的配色和设计。“无所不能”乐福鞋也催生了许多“效颦者”。

1989 年，克里斯汀 · 阿伦斯（Christine Ahrens）在伦敦设计的一款浅黄色系带女鞋。这双鞋回归到 20 世纪 40 年代的实用款式，但明亮的浅黄色营造出十足的时尚感。

2005 年，乔治娜·古德曼设计的金色皮革诺拉杏仁唇鞋，这款鞋是在意大利手工制作的。

自然风

大众消费主义曾是20世纪80年代的缩影，但由于1987年10月的“黑色星期一”股市崩盘以及90年代的全球经济衰退，人们开始偏爱更为自然的款式。

人体工程学设计

勃肯是一家从1774年开始运营的德国公司。19世纪末，该公司开始生产曲线鞋底，20世纪30年代这种鞋底变得与足部健康息息相关，所以被医生推崇为理想的选择。勃肯设计的鞋床能贴合、支撑并保护足部，因为他的设计不但能让脚趾完全展开，而且能让脚后跟彻底包裹在脚跟杯里。

20世纪60年代末，勃肯凉鞋在“全球运动”中大放异彩，穿勃肯凉鞋常代表反时尚的宣言。20世纪90年代，这款鞋的人体工程学特点引起了新消费群体的注意，因而再度流行，包括麦当娜在内的名人和模特都穿这款鞋。《纽约时报》宣称，在1992—1994年间，该公司的凉鞋销量超过了之前20年的总和。这款凉鞋十分环保，采用了现代的色彩设计和改良设计，但许多人仍认为这款凉鞋毫无美感可言。

研制循环再利用的鞋款

随着环境保护和生态意识的提高，德娅鞋业在美国诞生了，该公司创始人朱莉·刘易斯（Julie

Lewis）致力于材料的循环再利用。她曾在发展中国家见到用汽车轮胎制成的凉鞋，深受启发，便踏上了研制循环再利用鞋款之路。

循环再利用鞋款的鞋面由生产一次性尿布所产生的工业边角料、麻类植物、亚马逊热带雨林的植物纤维、牛仔布、羊毛毡和饮料瓶制成，鞋底由再加工的汽车轮胎橡胶和软木制成。椅子坐垫的泡沫被制成了带衬垫的鞋领和鞋舌，回收的牛奶罐被制成了标志徽章，回收的羊毛衫和EVA泡沫被制成了鞋床，回收的咖啡过滤器被制成了中底板，氯丁橡胶潜水服和橡胶垫圈生产废料被制成了脚底衬垫。这是真正的循环再利用鞋款。

SoleRebels是一家崇尚公平贸易的鞋类公司，主要生产由橡胶汽车轮胎和手工纺织的有机织物制成的鞋子。

这款经典的勃肯鞋配有软木鞋床和宽大的带子，据说这款鞋可以适应穿鞋人的脚形和步态。

2001 年左右，西班牙看步公司设计的第一款鞋，一双被称作 Camaleon 的米色帆布系带鞋。该鞋的鞋底由回收的橡胶轮胎制成，并采用了压条配底的制作方法。这一款式的灵感来自 1900 年以来马略卡岛上农民所穿的鞋子。

埃塞俄比亚的 SoleRebels 公司如今在全世界销售循环再利用的鞋子，该公司延续了一种古老传统：先收集和分类旧轮胎，然后进行手工切割，以确保每一只鞋底都分毫不差、经久耐穿而且非常舒适。图中的这双鞋制作于 2012 年。

“红色与死亡”品牌

“红色与死亡”是一个英国品牌，出品的鞋子新颖又古怪，至今仍有影响力，能引起消费者的共鸣。该品牌的创始人海明威夫妇从伦敦卡姆登的一个小摊起家，最初出售服装和鞋子，后来决定专注于鞋子的销售，并购买积压的旧款出售。

捕捉时代潮流

海明威夫妇致力于“利用青春活力和人类价值来创造有价值的品牌”，而他们成功的关键是创造了“能被理解和接受的、具有创新性和挑战性的时尚”。“红色与死亡”最为人所熟知的是海明威夫妇的设计，还有维多利亚·普拉特（Victoria Pratt）等合作设计师的设计。海明威夫妇将马汀博士靴引入自己的产品系列，使其成为广受认可的时尚单品。“红色与死亡”最具标志性的太空宝贝靴诞生于1989—1990年，是马汀博士款的透明塑料德比靴，靴筒上印有一个婴儿的黑白头像。

大多数“红色与死亡”的鞋子都是男女同款，既另类古怪又诙谐幽默，适合外出聚会和休闲娱乐等场合。1987年，流行音乐二人组合“兄弟”曾穿过“红色与死亡”出品的一款手表鞋，这款鞋格外引人注目，因为在厚重的黑色系带皮鞋的鞋面上饰有金属表带和表盘。

1996年，彭特兰公共有限公司收购了“红色与死亡”。彭特兰是一家跨国公司，旗下拥有众多体育、户外和时尚品牌，在全球范围内拥有数百万消费者。该公司旗下的品牌包括基克尔斯、赫特、拉科斯特鞋履、Boxfresh和泰德·贝克鞋履。至今，“红色与死亡”仍在生产鞋履产品，并在鞋履零售商“舒”[7]的全英连锁店内销售。

1988 年左右，维多利亚·普拉特为“红色与死亡”设计的一双银色皮革女式“牛仔”露跟鞋。这双鞋是该品牌最具标志性的鞋款之一。

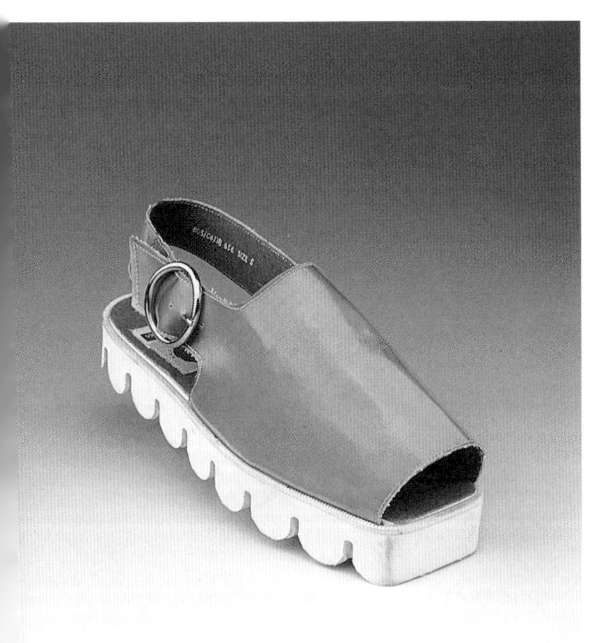

1992 年左右，维多利亚 · 普拉特为“红色与死亡”设计的女式鱼嘴露跟凉鞋，由荧光色织物制作。

1992 年左右，维多利亚 · 普拉特为“红色与死亡”设计的女式亮片德比式鞋子。

Red or Dead®

1992 年左右，一只“红色与死亡”男式无带皮鞋，鞋底是独特的波纹状模压橡胶。

厚底鞋的回归

20 世纪 90 年代，鞋底更厚、更加笨重的厚底鞋回归时尚界，英国女子组合辣妹将厚底鞋再次带回大众的视野。在一些人的记忆里，辣妹组合永远与巴福罗运动鞋以及亮闪闪的米字旗厚底踝靴联系在一起。

辣妹组合的 5 位成员因为她们的音乐、名字和造型，成了全世界成千上万年轻女孩的榜样。在宝贝辣妹、姜汁辣妹、疯狂辣妹、时髦辣妹和运动辣妹 5 位成员中，每个女孩都有自己最想效仿的一位。

女孩力量

合适的鞋子对整体造型至关重要。宝贝辣妹和姜汁辣妹酷爱鞋底高达 20 厘米的巴福罗运动鞋。巴福罗公司成立于 1979 年，总部设在德国美因河畔霍赫海姆。20 世纪 90 年代和 21 世纪初，巴福罗公司出品的 20 厘米高厚底运动鞋在全球大获成功，很大程度上归功于大热的辣妹组合。疯狂辣妹爱穿豹纹靴，运动辣妹爱穿运动鞋，而时髦辣妹爱穿女人味儿十足的高跟鞋。人们永远不会忘记在 1997 年 2 月的全英音乐奖颁奖典礼上的场景：姜汁辣妹洁芮・哈利维尔（Geri Halliwell）身穿一件用茶巾制成的米字旗短裙，脚踩一双红色厚底靴。

时尚达人

澳大利亚人雷夫・波维瑞（Leigh Bowery）是时尚偶像、夜总会主持人、演员和艺术家们的创作缪斯，也是 20 世纪 80 和 90 年代最有影响力和魅力的人物之一。他以惊人的造型而闻名，他令人震惊的装扮充分利用了假发、身体改造、化妆和鞋子。他经常一只脚穿鞋底很高的厚底鞋，另一只脚穿鞋底较低的版本，搭配紧身裤。

1997 年辣妹组合的合影。组合中的每个人都穿着自己标志性的鞋子：时尚辣妹穿细高跟鞋，运动辣妹穿运动鞋，疯狂辣妹、姜汁辣妹和宝贝辣妹穿厚底鞋。

短暂的声名

虽然厚底鞋在年轻人中备受欢迎，但家长们常表达对厚底鞋的不满，因为他们认为厚底鞋并不适合日常穿。宝贝辣妹爱玛·伯顿（Emma Bunton）曾因为穿厚底鞋而扭伤脚踝，据说日本的一名女孩因为穿 12.7 厘米的厚底鞋不幸摔倒而身亡。当时的厚底鞋被称作鞋中的“弗兰肯斯坦[8]”，与 20 世纪 70 年代的厚底鞋相比，它们与矫形鞋有更多的共同点。

1997 年左右，伦敦雪莉品牌出品的米字旗亮片靴。这种款式代表了“辣妹”现象中的“女孩力量”。

为鞋痴狂

整个世界都已经被鞋子迷得神魂颠倒了吗？你拥有多少双鞋？鞋子似乎无处不在：鞋履设计师的名字在电视和电影中被不断提及，卫生纸、浴帘和包装纸上都有鞋子的图案，鞋子广告中自然有鞋子，而无数其他产品的广告中也有鞋子的身影。鞋子真的是无处不在！

报纸上的文章每天都在重点介绍鞋履收藏家、古董鞋的优点、奇特的新鞋款以及名人们所穿的鞋款。菲律宾前第一夫人伊梅尔达·马科斯（Imelda Marcos）让人印象深刻，因为她的鞋子收藏规模令人难以置信。根据不同的消息来源，她收藏的鞋子达1250—3000双之多，但事实上她的鞋子并没有人们想象中的那么多。她买鞋的习惯当时被认为是奢靡生活

2001年，马里基纳鞋博物馆（Marikina Shoe Museum）正式开馆后，菲律宾前第一夫人伊梅尔达·马科斯前往博物馆欣赏自己著名的鞋类藏品。该馆收藏了伊梅尔达的部分奢侈鞋藏品。

的标志。

为什么人们会为鞋子着迷呢？难道是因为即使在体重波动期，脚的尺寸仍能保持不变吗？体重上升会导致衣橱危机，却不会影响继续穿一双可爱的鞋子。无论是把鞋子随意扔在衣柜底层的人，还是把它们整齐地收纳在盒子里的人，似乎都对鞋子十分痴迷。

拉斯维加斯球鞋收藏馆

虽然大部分鞋类收藏家都是女性，但收藏运动鞋的通常是男性，他们中的一些人会穿自己的藏品，而另一些人选择保持藏品的全新状态。美国人乔迪·盖勒（Jordy Geller）在拉斯维加斯开了一家球鞋收藏馆，馆内藏品多达1.5万双。他是《吉尼斯世界纪录大全》中收藏最多耐克运动鞋的人，2012年他的藏品数量达到了2398双！

2005年左右，由詹尼·范思哲设计、在意大利制作的一双黑色漆皮女式T字带凉鞋，鞋跟上饰有链条。

最喜欢的鞋子总是最新购入的那双，所以我们一直难以抑制买鞋的冲动。制鞋公司深谙此道，因而设计了不同颜色的最新款式，并且通常邀请大众最喜欢的名人代言。许多人认为自己的脚穿上鞋子后最好看，但也有人不喜欢自己的脚，于是鞋子便成了遮丑的借口。

普拉达是世界上最具创新性的时尚品牌之一。图中的这双鞋出自普拉达 2012 年春夏系列，普拉达称其“(灵感)来自‘甜美’的女性气质与汽车世界的融合”。20 世纪 50 年代的豪车是普拉达 2012 年春夏系列的灵感源泉。

克里斯提·鲁布托

自20世纪90年代起，凭借辨识度极高的光亮红色鞋底，克里斯提·鲁布托设计的鞋成了时尚界不可或缺的一分子。鲁布托打造了世界上最为成功的鞋履品牌之一，完美地结合了他精湛的技艺与独特的魅力。

无论是鞋跟尖细的细高跟鞋或系带靴，还是镶满铆钉的运动鞋或饰有珠宝的浅口鞋，鲁布托的设计都带有他独特的标志。他的鞋子展现出一种由幻想、怀旧、趣味和性感所激发的想象力。他标志性的红鞋底让人不禁想起17世纪红色的鞋跟和鞋底，那时红色是地位、权力和性的象征。

鲁布托其人

1981年，克里斯提·鲁布托师从查尔斯·卓丹，后来为莫德·弗里宗和圣罗兰做自由设计师。1988年，他开始与罗杰·维维亚合作，两人一起筹办了维维亚的个人回顾展。1992年，克里斯提·鲁布托在巴黎开了一家旗舰店。时至今日，他已跻身最伟大和最多产的鞋履设计师之列。

轻若无物

在鲁布托设计生涯的初期，他设计的鞋子非常考究，几乎包裹整只脚。之后，去繁从简和轻薄无物的理念逐渐成为他设计中的重要主题。他设计的有些鞋非常简约，几乎没有缝合线，鞋子仿佛成了腿部的延伸。轻纱、薄绸、网眼织物、织锦和丝带都是鲁布托钟爱的面料，因为它们都能增强鞋子的透明感。他偏爱鞋子轻若无物的感觉，而非刻意包裹与装饰。鲁布托认为一双成功的鞋子必须凸显足部，使足部成为瞩目的对象，因为鞋子只负责衬托足部的美妙。

"我是透明感的死忠粉，因为它有点赤身裸体的感觉。透明感追求的是直接在身体上进行设计，追求透明感的衣物似乎原本就是身体的一部分，因为透明感是往身体上添加一些能成为身体一部分的东西，就像文身那样。"

——克里斯提·鲁布托

2001 年左右，克里斯提 · 鲁布托设计的一双女式粉红色人造蜥蜴皮踝靴，配有独特的红色鞋底，是在意大利手工制作的。

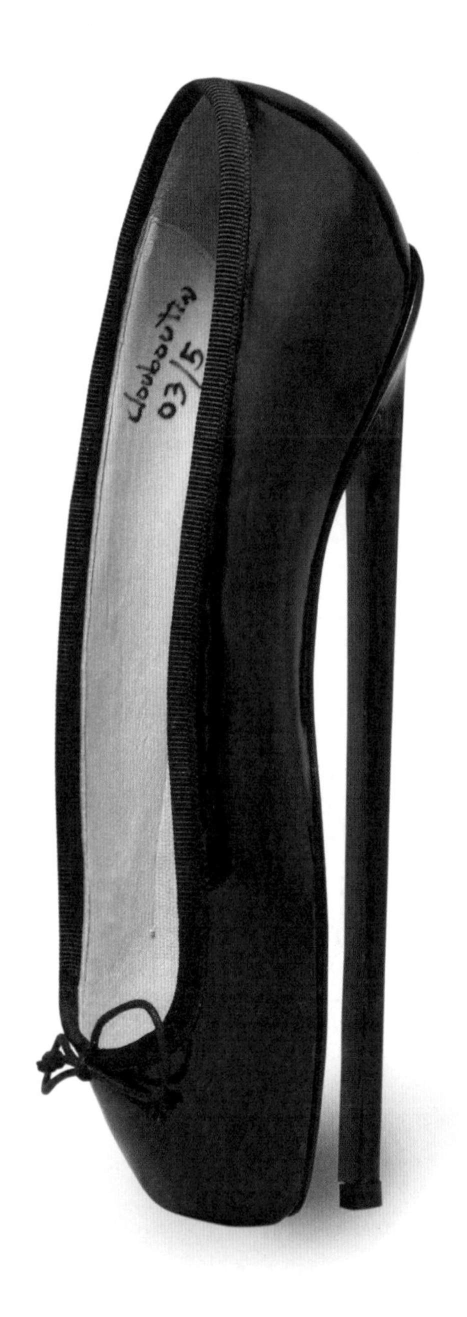

这双令人惊叹的高跟芭蕾鞋是克里斯提·鲁布托设计的，鞋跟高达 20 厘米。这双鞋的整体设计令人惊叹，但穿上这双鞋才是终极挑战。

今日鞋履

如今，制鞋业已然成为一个多元化的全球行业。欧洲国家继续主导鞋履的流行款式，法国和英国盛产最受欢迎的鞋履设计师，而意大利、西班牙和葡萄牙以精致的鞋履制造闻名。美国是最大的运动鞋进口国，其中大部分运动鞋都来自亚洲。中国是年出口鞋履数量最多的国家，印度紧随其后。

鞋履帝国

对一些人来说，“眼花缭乱”这个词恰当地描述了购鞋体验。2010 年 9 月 23 日，塞尔福里奇百货在伦敦开设了鞋类专柜，是世界上最大的女鞋专柜之一。塞尔福里奇的鞋类专柜占地面积达 3250 平方米，出售来自 150 个品牌的 5000 多种鞋款。消费者可以徜徉在所有必备的鞋履设计师品牌之中，因为塞尔福里奇的鞋类专柜应有尽有：芬迪、香奈儿、尼可拉斯·科克伍德、克里斯提·鲁布托、博柏利、卡米拉·斯科夫高、迪奥、玛尼……

2012 年，Level Shoe District 鞋店在迪拜最大的购物中心开业。该鞋店占地面积达 8918 平方米，出售的鞋履产品来自 250 多个品牌，款式多达 15000 种。同期，成立于 1886 年的小型家族企业雷耶斯，在美国宾夕法尼亚州的沙仑小镇开了一家占地面积 3345 平方米的鞋店，该鞋店拥有来自 300 多个品牌的 10 万种款式的存货。

合理痴迷

总有一些鞋履设计师会尝试新的制鞋技术和制鞋材料，多年来设计师们一直如此。日本设计师馆鼻则孝 21 世纪的惊人创作也证明了这一点，他是嘎嘎小姐（Lady Gaga）最爱的设计师，他所设计的反重力厚底鞋让人想起威尼斯的高底鞋。正因为有这样的设计师，我们对鞋子的痴迷才能持续数百年，而且永远不会终结。

2004—2005 年间，一双女式黑色丝带高跟凉鞋，细杆般的鞋跟顶部是一个镶有碎钻的圆球。这双鞋由斯图尔特·韦茨曼（Stuart Weitzman）设计并在西班牙制作。

2012 年左右，杰弗里 – 怀斯特（Jeffery–West）出品的一款皮革拼接丝绸材质的男式巴尔莫勒尔靴。马克 · 杰弗里（Mark Jeffrey）和盖伊 · 怀斯特（Guy West）都出生在英格兰北安普敦，他们至今仍在传承小镇悠久的制鞋传统。

注释

[1] 雅皮士（Yuppies）是20世纪80年代早期美国人根据嬉皮士（Hippies）仿造的一个词语，专指年轻的都市专业人士。也有人认为雅皮士通常来自医生或律师家庭，拥有常春藤大学的硕士学位，十分注重外表。

[2] 巴伯尔（Barbour）是英国老牌的服装品牌，由约翰·巴伯尔于1894年创立，以生产防水外套而出名，是英国皇室的御用品牌之一。

[3] 周仰杰（Jimmy Choo）是英国著名时装鞋设计师，于1996年创立同名品牌，据称该品牌是英国戴安娜王妃生前最爱的品牌之一。周仰杰设计的鞋子是热门影视剧和红毯的常客，深受各界明星的喜爱。

[4] 莫德·弗里宗（Maud Frizon）是法国的女鞋设计师。20世纪60年代，她曾做过模特，因不喜欢设计师们所设计的鞋子，1969年创建了自己的品牌。

[5] 科德维纳学院（Cordwainers College）已并入伦敦艺术大学下属的伦敦时装学院，后者现在是世界六大时装学院之一。——编注

[6] 迈宝瑞（Mulberry）是1971年创立的英国奢侈品牌，该品牌的皮制品享誉全球。

[7] 舒（Schuh）是一家总部设在苏格兰利文斯顿的鞋履零售企业，在英国和爱尔兰拥有132家店铺。该公司主要出售品牌鞋履产品，出售的品牌达80多个，包括匡威、耐克、阿迪达斯等知名品牌，同时也出售自有品牌“舒”的鞋履产品。

[8] 弗兰肯斯坦（Frankenstein）出自英国作家玛丽·雪莱于1818年创作的长篇小说《科学怪人》，在小说中是指创造出怪物而导致自己经历各种苦难、最终惨死的科学家。弗兰肯斯坦常被用来形容自掘坟墓之人，而此处将厚底鞋比作弗兰肯斯坦，意指穿上厚底鞋容易导致受伤甚至更为严重的后果。

常用词语释义

阿尔伯特便鞋（Albert slipper） 鞋口呈直线型，鞋面沿脚背方向延伸，最终在脚背上形成鞋舌。

阿尔伯特靴（Albert boot） 配有五颗纽扣的侧系带靴子，鞋面通常为布面。

鞋头盖（apron front） 缝在鞋面上的一块盾形盖片，用明线缝在鞋面上或压缝在鞋面下。这种款式源于莫卡辛鞋，其鞋头盖有时直接用做鞋面。

阿图瓦带扣（Artois buckle） 一种体积硕大的鞋子带扣，盛行于18世纪70至80年代。

巴尔莫勒尔靴（Balmoral） 内耳式的前系带踝靴，其特色是鞋面两侧向鞋帮延伸、形成鞋身的下半部。

横带鞋（bar shoe） 脚背上有一根横带的鞋款，横带常由纽扣或带扣系紧。

衬条（bead） 使用在鞋面缝线中起加固作用的材料。指使用在鞋底缝线中的皮革窄条时，又被称作“沿条（welt）”。

古怪丝绸（bizarre silk） 17世纪晚期及18世纪早期风靡欧洲，常被用来制作服装和家具。古怪丝绸多采用不对称的图案，常见非写实的叶子和花卉，以及几何图案。

鞋跟正面（breast） 指鞋跟正前方的部分，“鞋跟腹墙（heel breast）”是更为专业的表达。

锦缎（brocade） 一种提花面料，多为丝制品。

布洛克鞋（brogue） 一种内耳式前系带的鞋款，其主要特色包括：鞋身由多个部分组成，且每部分的锯齿鞋边都有冲孔图案；鞋头有冲孔的翼纹，翼纹模仿了翅膀的造型。布洛克风格也可以演变成带有冲孔和锯齿鞋边的其他鞋款，鞋身部分可做精简，伦敦布洛克鞋和布洛克牛津鞋是其中的代表。

古铜色皮革（bronze leather） 用胭脂虫红上色的羊皮或牛皮，颜色较深呈紫棕色调并带有五彩的光泽。

斗牛犬鞋头（bulldog toe） 也称波士顿鞋头（Boston toe），鞋尖有一处隆起的男、女鞋头款式；19 世纪末在美国流行，20 世纪初在英国流行。

中筒靴（buskin） 靴筒至小腿或膝盖的软皮靴子。

剑桥鞋（Cambridge） 两侧带有弹力拼接的低帮便鞋。

鞋头盖（cap） 位于脚趾上方，是鞋面的一个组成部分。常见的鞋头盖包括横饰鞋头盖（straight cap）、尖形鞋头盖（peaked cap）和翼形鞋头盖（winged cap），也有由尖形鞋头盖和翼形鞋头盖组合而成的翼尖鞋头盖。

扣针（chape） 带扣的尖针，用来将鞋横带系紧。

切尔西靴（Chelsea boot） 一种配弹性侧带的踝靴。

高底鞋（chopine） 14 至 17 世纪间欧洲常见的一种厚底鞋款，鞋底高度可达 50 厘米。

木底鞋（clog） 泛指木制或木底的鞋、靴和套鞋。17 至 18 世纪的木套鞋仅有一根贯穿鞋底的木楔。

内耳式（closed-tab） 鞋眼片（eyelet tab）缝在鞋面之下的鞋款，牛津鞋是内耳式的鞋款之一。

缝合（closing） 制鞋工艺中将鞋面各部分缝合在一起的工序。

鞋掌（clump or clump sole） 用来维修鞋底的半底。

修鞋匠（cobbler） 专指从事修鞋工作的工匠。

胭脂虫红（cochineal） 源自南美胭脂虫的一种红色染料，15 世纪起从南美大量出口，主要用作皮革和纺织品的染料。

国会靴（congress） 弹性侧带靴（鞋）在美国被称作国会靴（鞋）。

后帮（counter） 在鞋帮于脚后跟交接处起外部加固作用的部件，但仅限于鞋帮外侧的部分。英文中也称 stiffener，不过它常指鞋帮内的加固部件。

古巴跟（Cuban heel） 一种直线型鞋跟，鞋跟底盘比西班牙鞋跟宽。

德比鞋（Derby） 鞋眼片缝在鞋面之上的外耳式鞋靴，女式德比鞋又被称作吉布森鞋（Gibson shoe）或洛恩鞋（Lorne shoe）。

“耳朵”鞋（‘eared’ shoe） 16 世纪在尖鞋头流行很长时间之后出现，鞋头变得又方又宽。公元 1535 至 1555 年间，此种鞋鞋头的两个角向外延伸，形似耳朵，所以被称作“耳朵”鞋。

鞋眼（eyelet） 严格意义上指穿鞋带的孔，但一直以来这一术语专指配有金属或塑料圈扣的鞋眼。如果鞋眼圈只从鞋内可见，则被称为暗鞋眼（blind eyelet）；其他类型也被称作鞋带孔。

鞋眼片（eyelet tab 或 facing） 鞋面上带有鞋眼或鞋带孔的部位，位于鞋帮材料的前端。

前部（forepart） 专指鞋、鞋底或鞋内底的前部。

拼接（foxing） 美国术语，特指制作或覆盖羊毛哔叽（serge）裹腿靴鞋头或后跟的皮革。

护腿（gaiters） 包裹脚踝和腿部的布料或皮革。护腿可配纽扣或带扣，有时也配有踩在脚下的绑带。

长筒裹腿靴（gaiter boots） 美国版的侧系带或弹性侧带靴，由羊毛哔叽制成，鞋面上配有皮革拼接。

套鞋（galosh 或 golosh） 最初由皮革或织物制成，现在通常由橡胶制作。此外，英文中 galosh 也指鞋面两侧向鞋帮延伸而形成的鞋身下半部，详见“巴尔莫勒尔靴”。

吉利鞋（ghillie） 源自苏格兰的鞋款，鞋带从鞋帮上沿的皮环中交叉穿过，而不是从鞋眼中穿过，因为这种鞋款既没有鞋舌也没有鞋眼片。

吉布森鞋（Gibson） 详见“德比鞋”。

粒面皮（grain） 紧挨动物毛发的那层皮革，也被称作头层皮。来自不同动物的粒面皮纹路各有特色，但表面都非常光滑。鞋底常用粒面皮带纹路的那面来接触地面，鞋内底则用粒面皮带纹路的那面来接触足部。除了使用绒面革制作鞋面的情况之外，粒面皮带纹路的那面常用来制作鞋面。

古希腊鞋（Grecian） 鞋面没有任何装饰的低跟或平底便鞋，鞋帮两侧留有开口，是无带的款式。

半底（half-sole） 鞋前部的鞋底部分，通常用于修补鞋子。修补时，半底可以直接替代破损的鞋前底，也可以作为鞋掌（clump）补在鞋前底上。

鞋跟（heel） 安装在鞋跟座（seat）上的部件。鞋跟的出现，最初是出于实用性的考虑，后来却成了一种时尚。鞋跟可由多层鞋后跟皮堆叠而成（叠层跟），也可由一块被皮革或其他材料包裹的木头制成。无论是上述哪种形式的鞋跟，接触地面的鞋跟底部被称作天皮（top piece）。

平头钉（hobnail） 钉头较大的一种钉子，通常是圆顶的，对鞋底起保护作用。

长筒袜（hose） 能盖住腿部和足部的纺织品。

鞋内底（insole） 鞋内接触足部的部位，英文中有时也将其称作 foundation of the shoe。

脚背（instep） 脚趾与脚踝之间、足部拱起的部分。

鞋带（lace） 一段皮革、丝带或棉质编绳，通常穿过鞋眼系紧鞋子。

兰特里鞋（Langtry） 类似克伦威尔鞋的鞋款，但采用带子或蝴蝶结的系带方式。

鞋楦（last） 经过削制的木块或模具，是一种制鞋用具。鞋楦主要以脚型为基础，但会根据时尚潮流和制鞋要求做出相应改变。

上楦（lasting） 把鞋面定型在鞋楦上。

鞋耳（latchet） 鞋帮材料的前端延伸到脚背上的部分，有时会一直延伸到鞋舌之上。不交汇的鞋耳用细绳或丝带进行连接，重叠的鞋耳则用带扣连接。

衬里（lining） 鞋面内部的材料，分区方式跟鞋面外部一样，包括鞋面衬里、鞋帮衬里和靴筒衬里。

路易鞋跟（Louis heel） 鞋跟正面（鞋跟腹墙）由鞋底延伸下来的部分所包裹，鞋跟背面呈凹型曲线，鞋跟底部向外微扩。

莫卡辛鞋（moccasin） 一种基础鞋款，由一整张皮革制成鞋子软底和柔软的鞋面或至少部分鞋面。北美印第安人穿莫卡辛鞋的历史已有几个世纪，moccasin 在阿尔贡金语（一种北美印第安语族）中是“鞋”的意思。

僧侣鞋（monk shoe） 一种配有带扣的鞋款，带扣位于鞋面外侧而且通常比较小巧。也被称作“孟克鞋”。

穆勒鞋（mule） 一种没有鞋帮所以无鞋后跟的鞋款。

欧庞卡鞋（Opanka） 鞋外底和部分鞋面一体的鞋款，Opanka 在塞尔维亚语中意为“攀爬鞋”。

外耳式（open tab） 鞋眼片与鞋头中心位置未固定在一起的鞋款，德比鞋是外耳式的鞋款之一。

套鞋（overshoe） 套在另一双鞋上起保护作用的鞋款。

牛津鞋（Oxford） 一种鞋头封闭、鞋眼片缝在鞋面之下的鞋款。

木钉（peg） 用来维修粗制鞋跟的木条。早期鞋跟上使用的木钉横截面是椭圆形的，19 世纪木钉也被用来固定鞋底，而形状通常是菱形的。

铜锌合金（pinchbeck） 一种仿黄金的合金。

锯齿切裁（pinking） 16 世纪的术语，指在皮革上制作锯齿边和镂空图案；20 世纪使用 gimping 这一术语来形容布洛克鞋的锯齿边。

普鲁涅拉呢（prunella） 一种羊毛哔叽面料，19 世纪初常用于制作踝靴。

鞋帮（quarters） 鞋面两侧的部位，前端在鞋面交汇而后端在鞋后跟处交汇。鞋后跟处的缝线被称作“后接缝（backseam）”。鞋帮在英文中被称作 quarters，是因为：鞋后跟处有接缝的情况下，一双鞋需要四片鞋帮材料。中世纪的鞋一般没有鞋后跟处的接缝，鞋帮内外的材料都是一整片的。

鞋帮尖（quarter tip） 鞋帮材料沿着鞋跟背面外侧一直延伸到天皮，是最容易磨损的部位。

垫皮（rand） 一条缝在鞋面和鞋底之间（也有使用在其他位置的情况）的窄皮，其横截面大致呈三角形。使用垫皮的目的是提高鞋子的防水性能，或具有装饰效果。

生皮（rawhide） 从屠宰后的动物身上剥下的皮，经过晾晒后具有一定柔性。生皮上可能仍带有动物毛发。

铆钉（rivet） 一种金属钉，将鞋底固定在铁制鞋楦或装有铁板的鞋楦上；铆钉的尖头回弯，以保证不会松动。

里夫林鞋（rivlin） 已知的最早鞋款之一，用整张生皮裹住脚后缝制而成，颇像抽绳袋。

鞋跟座（seat 或 heel seat） 鞋内底或鞋底后部安装鞋跟的部位。

鞋底勾心（shank） 位于鞋底和鞋内底之间、鞋腰位置的加固部件。鞋底勾心的主要作用是防止鞋子在鞋腰位置弯折，特别是添加了鞋跟之后。

铲皮（skive） 缝合时，把皮料边缘处铲薄，通常是把皮料边缘铲出一定的斜度。

便鞋（slipper） 严格来说，任何能轻松上脚、不系带的鞋款都可被称作 slipper，这一术语如今专指轻便的室内拖鞋。

露跟鞋（slingback） 一根带子环绕脚后跟的款式，鞋帮被带子取代。

衬垫（sock） 一片置于鞋内覆盖鞋内底的材料，而“鞋跟衬垫”只覆盖鞋跟座的位置。衬垫的作用是遮盖鞋钉尖和缝合针脚，衬垫上也常见制鞋者的姓名。

鞋底（sole） 鞋子上接触地面的部位。如果鞋子另配有鞋跟，其接触地面的部位被称作“天皮”。

西班牙鞋跟（Spanish heel） 一种纤细的高跟，比古巴鞋跟弧度大，但天皮较小。

护腿（spats） 有布制或皮制的。

“弹簧”鞋跟（spring heel） 鞋底和鞋面之间增加一层后跟垫的鞋跟。

马刺护皮（spur leather） 缝在靴子正面的一块蝶形皮革，为了保护靴子的软皮，可将马刺固定在马刺护皮上。

叠层跟（stacked heel） 由多层后跟垫组成的鞋跟。

鞋底主跟（stiffener） 鞋帮后部鞋内的加固部件。

外翻配底法（stitch-down construction） 见“压条配底法”。

直脚鞋（straights） 不分左右脚的鞋，两只鞋一模一样。

鞋带箍（tag） 鞋带一端的封边，通常由金属制成，现多由塑料制成，也被称作“绳花”，其作用是方便穿鞋带；也有螺旋线圈制成的鞋带箍。有些系鞋带的方式，只需鞋带某一段配有鞋带箍，另一端在鞋内打结固定即可。

鞋喉（throat） 鞋面后部正中的部分，位于脚背上方。

鞋面上缘（top edge） 鞋面顶部边缘部分。

鞋头衬（toe puff） 鞋面内部脚趾部分的加固部件。

鞋舌（tongue） 鞋面前部向后延伸的部分，位于脚背上方。鞋耳式系带在鞋舌上方或下方。

天皮（top piece） 鞋跟的底部，通常是接触地面的位置。

翻鞋工艺（turnshoe construction） 即从反面制鞋的工艺：将鞋面的皮里翻出后，把已在鞋楦上定型的鞋面与同样翻至反面的鞋底缝合，再整体翻回正面，粒面皮纹路冲外，而鞋面与鞋底的缝合线藏在鞋内。

沿条翻鞋（turn welt） 鞋底缝线中配有一条宽垫皮的翻鞋，该垫皮与沿条功能一样，可以将鞋底缝在上面。

鞋面（upper） 覆盖脚背的鞋靴部位。通常由外部材料和衬里构成，可根据需要添加中衬和加固材料。

鞋面前片（vamp） 鞋面的前部。

鞋身下半部（vamp wings） 鞋面前片的两侧沿鞋喉两侧延伸，直至与鞋帮交汇。

压条配底法（Veldtschoen construction） 将鞋面向外翻，在底部边缘形成一个凸缘，然后把凸缘缝合到鞋底或中底上的制鞋工艺。这种工艺利用沿条把衬里和内底缝在一起，从而形成一个凸缘；凸缘再与沿条和鞋底缝在一起。也被称作“外翻配底法”。

硫化（vulcanization） 一种通过加热和添加硫磺硬化橡胶的方法，使橡胶更为耐用并更有弹性。

鞋腰（waist） 位于鞋前部和鞋跟之间的鞋底部分。

坡跟（wedge heel） 从脚后跟延伸到鞋腰、鞋前部的鞋跟。

威灵顿靴（Wellington） 与威灵顿公爵有关的一款及膝靴。如今威灵顿靴专指用橡胶或合成材料制成的靴子，但它最初是皮制的骑士靴，鞋面上缘呈弧形。

沿条（welt） 一块狭窄的皮革，与已在鞋楦上定型的鞋面边缘以及鞋内底的边缘（或鞋内底皮里边缘的凸条）缝在一起；鞋内底缝合后，鞋底再由第二道缝线与沿条缝在一起。沿条由垫皮发展而来，这两个术语有时会混淆。

沿条工艺（welted construction） 约 1500 年传到英格兰的制鞋工艺，如今仍以机械化的方式继续使用。这一工艺分为三步：鞋面上楦定型后用鞋钉固定，上楦后的鞋面与沿条以及鞋内底缝在一起，鞋底再与沿条缝在一起。

参考书目

Arnold, Janet (1988), *Queen Elizabeth's Wardrobe Unlock'd*, Leeds: W S Maney & Son Ltd.

Baynes, Ken and Kate (edited, 1979), *The Shoe Show: British Shoes Since 1790*, London: The Crafts Council.

Bossan, Marie-Josèphe (2004), *The Art of the Shoe*, New York: Parkstone Press Ltd.

Brooke, Iris (1972), *Footwear, A Short History of European and American Shoes*, London: Pitman. *Catalogue of Shoe and other buckles in Northampton Museum* (1981), Northampton: Borough Council Museums and Art Gallery.

Cox, Caroline (2004), *Stiletto*, London: Mitchell Beazley.

Cunnington, C Willett (1937), *English Women's Clothing in the Nineteenth Century*, London: Faber & Faber Ltd.

Cunnington, C Willett & Phillis (1952), *Handbook of English Medieval Costume*, London: Faber & Faber Ltd.

Cunnington, C Willette & Phillis (1954), *Handbook of English Costume in the Sixteenth Century*, London: Faber & Faber Ltd.

Cunnington, C Willette & Phillis (1955), *Handbook of English Costume in the Seventeenth Century*, London: Faber & Faber Ltd.

Cunnington, C Willette & Phillis (1957), *Handbook of English Costume in the Eighteenth Century*, London: Faber & Faber Ltd.

Devlin, James Dacres (1839/1841), *The Shoemaker* Parts 1 & Part 2, London: C Knight.

Dowie, James (1861), *The Foot and its Covering: comprising a full translation of Dr Camper's work 'The Best Form of Shoe'*, London: Robert Hardwicke.

Goubitz, Olaf, Carol van Driel-Murray and Willy Groenman-van Waateringe (2001),

Stepping Through Time: Archaeological Footwear from Prehistoric Times until 1800, Zwolle: Foundation for Promoting Archaeology.
Grew, Francis and Margarette Neergaard (1988), *Medieval Finds from Excavations in London: 2, Shoes and Pattens*, London: HMSO.
Hall, J Sparkes (1848), *The Book of the Feet*, London: Simpkin Marshall.
McDowell, Colin (1989), *Shoes: Fashion and Fantasy*, London: Thames & Hudson.
Mitchell, Louise (1997), *Stepping Out*, New York: Powerhouse Publishing.
Pattison, Angela and Nigel Cawthorne (1997), *A Century of Shoes – Icons of Style in the 20th Century*, London: Quarto Publishing Plc.
Pratt, Lucy and Linda Woolley (1999), *Shoes*, London: V & A Publications.
Probert, Christine (1981), *Shoes in Vogue Since 1910*, London: Thames & Hudson.
Riello, Giorgio (2006), *A Foot in the Past, Consumers, Producers and Footwear in the Long Eighteenth Century*, Oxford: Oxford University Press.
Riello, Giorgo and Peter McNeil (edited, 2006), *Shoes: A History from Sandals to Sneakers*, Oxford: Berg.
Rees, John F (1813), *The Art and Mystery of a Cordwainer*, London.
Rexford, Nancy E (2000), *Women's Shoes in America, 1795–1930*, Kent, OH: The Kent State University Press.
Rossi, William (1989), *The Sex Life of the Foot and Shoe*, Ware: Wordsworth.
Semmelhack, Elizabeth (2010), *On a Pedestal: From Renaissance Chopines to Baroque Heels*, Toronto: Bata Shoe Museum.
Swann, June (1969), 'Shoes Concealed in Buildings', *Northampton Museums Journal* Vol. 6.
Swann, June (1982), *Shoes*, The Costume Accessories Series, London: B T Batsford Ltd.
Swann, June (1986), *Shoemaking*, Oxford: Shire Publications.
Swann, June (2001), *History of Footwear in Norway, Sweden and Finland: Prehistory to 1950*, Stockholm. *The Whole Art of Dress or the Road to Elegance and Fashion, By a Cavalry Officer* (1830), London: Effingham Wilson, Royal Exchange.
Thornton, J H (edited, 1970), *Textbook of Footwear Manufactur*e, Oxford: Butterworth.
Thornton, J J (edited, 1955), *Textbook of Footwear Materials*, National Trade Press.
Vass, Laszlo and Magda Molnar (1999), *Handmade Shoes for Men*, New York: Konemann.
Vigeon, Evelyn (1977), *Clogs or Wooden Soled Shoes*, reprinted from *The Journal of the Costume Society*.
Weber, Paul (1982), *A Pictorial Commentary on the History of the Shoe*, Aurau: A T Verlag.
Wilson, Eunice (1969), *A History of Shoe Fashion*, London: Pitman.
Wright, Thomas (1922), *The Romance of the Shoe*, London: C J Farncombe & Sons.

鞋靴博物馆一览

英国

1. 其乐鞋履博物馆（Clarks Shoe Museum）

   地址：High Street, Somerset BA16 0EQ

2. 时尚博物馆（Fashion Museum）

   地址：Bath Assembly Rooms, Bennett St, Bath BA1 2QH

3. 传统服装展览馆（Gallery of Costume）

   Platt Hall, Rusholme, Manchester M14 5LL

4. 北安普敦艺术博物馆（Northampton Museums and Art Gallery）的鞋履藏品

   地址：4–6 Guildhall Road, Northampton NN1 1DP

   网址：www.northampton.gov.uk/museums

5. 维多利亚与阿尔伯特博物馆（Victoria & Albert Museum）

   地址：Cromwell Road, London SW7 2RL

欧洲

1. 鞋子或非鞋子博物馆（SONS Shoes or No Shoes）

   地址：Vandevoordeweg 2, 9770 Kruishoutem, Belgium

2. 国际鞋履博物馆（Musée International de la Chaussure）

地址：2, rue Sainte-Marie, Romans-sur-Isere, France

3. 菲拉格慕博物馆（Ferragamo Museum）

地址：Piazza di Santa Trinita 5, 50123 Firenze, Italy

4. 德国皮革博物馆（Deutsches Ledermuseum）

地址：Frankfurter Strasse 86, D-63067 Offenbach, Germany

5. 巴利鞋履博物馆（Bally Shoe Museum）

地址：Oltnerstrasse 6, 5012 Schönenwerd, Switzerland

北美

1. 巴塔鞋博物馆（Bata Shoe Museum）

地址：327 Bloor St W, Toronto ON M5S 1W7, Canad

致　谢

感谢大象图书（Elephant Books）给我提供了如此难得的机会，尤其感谢大象图书的劳拉·沃德（Laura Ward）。感谢本书的项目经理安娜·索思盖特（Anna Southgate），没有她，我不可能顺利完成本书的创作。感谢苏珊娜·杰伊斯（Susannah Jayes）所做的图片研究。

感谢 16 年来我遇到的所有学者、设计师、赞助人等，感谢他们为我解答疑惑、指点迷津、提供信息，他们的倾囊相授在很多方面启发了我，让我受益匪浅。

感谢北安普敦艺术博物馆所有的前任管理者，尤其感谢琼·斯万，她在过去多年里的无私帮助和睿智见解让我受益颇多。

衷心感谢盖瑞和伊莫金一直以来的鼓励与支持。衷心感谢我亲爱的父母——戴维和玛丽，没有他们的支持我不可能完成本书的创作。

译名对照表

鞋款	
Adelaide boot	阿德莱德靴
Air Force flying boot	空军飞行靴
aircraft rigger's boot	飞机装配工靴
Alaskan service boot	阿拉斯加军靴
Albert slipper	阿尔伯特便鞋
ankle boot	踝靴
ankle shoe	短靴
army boot	军靴
Athletic Shoes	运动鞋
ballet shoe	芭蕾鞋
Balmoral boot	巴尔莫勒尔靴
bar shoe	横带鞋
barrette shoe	拉带鞋
Beatle boot	披头士靴
Blucher army boot	布吕歇尔军靴
Blucher boot	布吕歇尔靴
bobos	波波鞋
brogue	布洛克鞋
buckle shoes	带扣鞋
buskin	中筒靴
button boot	纽扣靴
calceus	罗马鞋
Campagus	主教鞋
Chelsea boot	切尔西靴
chopine	高底鞋
chunky platform	厚底鞋
clasp clog	钩扣木鞋
clog overshoes	木底套鞋
clog	木底鞋
congress boot	国会靴
co-respondent	共同被告鞋
cork-soled sandal	软木底凉鞋
court shoe	宫廷鞋
cowboy boot	牛仔靴
Crakow	克拉科夫鞋
creepers	厚软底鞋
Cromwell	克伦威尔鞋
derby boot	德比靴
desert boot	沙漠靴
Dolcis shoes	多尔西斯鞋
dot boot	波点靴
Dr Martens boot	马汀博士靴
Dunlop wellington	邓禄普威灵顿靴
Dutch clog	荷兰木鞋
elastic-sided boots	弹性侧带短靴
equestrian footwear	骑士鞋
escape boot	逃生靴
espadrille	草底鞋
evening shoes	晚礼服鞋
fishheads	鱼头鞋
flat-bar shoes	平底横带鞋
flats	平底鞋
flip-flop	人字拖
footbag	足袋鞋
football boots	足球鞋

French heel	法式高跟鞋
gambado	骑士套靴
garibaldi boot	加里波第靴
ghillie	吉利鞋
Gibson	吉布森鞋
Go-Go boot	摇摆靴
golf shoes	高尔夫鞋
granny boots	奶奶靴
gravity-defying platform	反重力厚底鞋
half-boot	中筒靴
hessian boot	海森靴
high lows	高帮皮鞋
ice skates	冰刀鞋
jackboot	长筒军靴
jockey boot	骑师靴
jungle boot	丛林靴
kinky boot	长筒女靴
knee-high boot	及膝长靴
lace bar shoes	蕾丝横带鞋
lace-up boots	系带靴
latchet shoes	鞋耳式系带鞋
Latchet-tie shoes	系带鞋
leg boot	长筒靴
loafer	乐福鞋
longevity shoes	寿鞋
Marie Antoinette slipper	玛丽・安托瓦内特便鞋
Marine Corp field shoe	海军陆战队野外鞋
Mary Janes	玛丽珍鞋
military caliga	军靴
moccasin	莫卡辛鞋
Molière shoe	莫里哀鞋
monk shoe	僧侣鞋
Mukluk	海豹皮靴
mule	穆勒鞋
non-leather shoes	非皮革鞋
Nora Almond Lip shoe	诺拉杏仁唇鞋
opera boots	歌剧靴
orthopaedic shoe	矫形鞋
overshoe	套鞋
oxford	牛津鞋
paduka	夹趾鞋
pampootie	生牛皮鞋
pantofle	拖鞋
parachute jumper boot	伞兵靴
patten	木套鞋
peep toes	鱼嘴鞋
platform	厚底鞋

plimsoll	橡胶底帆布鞋
Pompadour	蓬帕杜高跟
pom-pom mules	毛球穆勒鞋
postilion boot	马靴
poulaine	波兰那鞋
pumps	浅口鞋
pyked shoe	尖头鞋
Rebel boot	反叛靴
red soles	红底鞋
rivlin	里夫林鞋
Rocking Horse golf shoe	木马厚底鞋
Roman caliga	罗马军靴
rubber-soled footwear	胶底鞋
saddle shoe	马鞍鞋
sand shoes	沙地鞋
sandals	凉鞋
sandle shoe	系襻鞋
side-lacing boots	侧系带靴
ski boot	滑雪靴
slap sole	复底高跟鞋
slides	拖鞋
slingback	露跟鞋
slip-on boot	无带靴
slipper	便鞋
sneaker	胶底帆布运动鞋
Space Baby boot	太空宝贝靴
Sparkes Hall Boot	斯帕克斯・霍尔靴
spectator shoe	观众鞋
spiked running shoes	尖钉跑鞋
stiletto	细高跟鞋
stilted shoes	高台鞋
straight	直脚鞋
strappy sandals	系带凉鞋
stretch boot	弹力长筒靴
suede leather court shoe	绒面皮宫廷鞋
Super Elevated Ghillie shoes	超高吉利厚底鞋
T-bar shoe	T字带鞋
Timberland boot	添柏岚靴子
top boot	长筒靴
trainer	运动鞋
Tuff Scuffs	凝灰岩拖鞋
two-tone shoes	双色鞋
watch shoe	手表鞋
wedge-heeled shoes	坡跟鞋
wellington boots	威灵顿靴
welted shoe	沿条鞋
winklepicker	尖头鞋

wooden-soled shoes	木底鞋
术语	
aglet	金属箍
AirWair	气垫（鞋底）
appliqué	贴花
apron front	鞋头盖
arch	弓形
bar-strap	横带
bellows tongue	风箱式鞋舌
boot jack	脱靴器
Boston toe	波士顿鞋头
box calf leather	方格粒纹小牛革
brass heel	黄铜配跟
buckle	带扣
bulldog toe	斗牛犬鞋头
chisel	凿子鞋头
choc	内弯跟
closed-tab	内耳式
comma	逗号跟
commando-soled	防滑橡胶底
cone-shaped heel	锥形跟
Corfam	可发姆人造皮革
counter	后帮
counter seams	后帮缝线
crêpe	绉布
Cuban heel	古巴跟
escargot	蜗牛跟
esparto	针茅草
facings	鞋眼片
fénelon bow	费内隆花结
flared heel	细腰形鞋跟
gusset	弹性拼接侧带
half-sole	半底
heel breast	鞋跟正面
heel cup	鞋跟杯
jasperware heel	浮雕鞋跟
knock-on heel	直接钉在平底之上的鞋跟
lacing hooks	鞋带钩扣
ladder lacing	绳梯系法
last	鞋楦
lasting board	中底板
lattice lacing	格子系法
Louis heel	路易鞋跟
low-stacked heels	叠层低跟
mirror-image last	镜像鞋楦
needle	细针鞋跟
ooze leather	植鞣绒面革
open-laced	外耳式
over-under lacing	上下系法
pad	垫片
Patynmaker	木套鞋匠
Pinet heel	皮内特鞋跟
prism	棱镜跟
pyramid	金字塔跟
quarters	鞋帮
Sardinian cork wedge	撒丁岛软木坡跟
shank	鞋底勾心
shoelace tags	鞋带扣标牌
shoelaces	鞋带
shoestrings	鞋绳
side seams	侧缝
side sprung boots	双侧弹簧靴
Spanish heel	西班牙鞋跟
spike	鞋钉
spool heel	马蹄跟
square toes	方鞋头
stiffener	鞋底主跟
straight-bar lacing	平直系法
suede	绒面革
THE PROW TOE	船首式鞋头
throat	鞋喉
toe puff	鞋头衬
toecap	鞋头
top piece	天皮
tractor-soled	拖拉机鞋底
vamp	鞋面
Velcro	维可牢尼龙搭扣
wedge heel	坡跟
wing cap	翼纹
品牌	
Adidas	阿迪达斯
Anna Sui	安娜·苏
Armani	阿玛尼
Bally	巴利
Barratts	巴勒特斯
Burberry	博柏利
Camilla Skovgaard	卡米拉·斯科夫高
Chanel	香奈儿
Clarks	其乐
Converse	匡威
Dior	迪奥
Fendi	芬迪
Gucci	古驰
Keds	科迪斯

Kickers	基克尔斯
Louis Vuitton	路易威登
Marni	玛尼
Mulberry	迈宝瑞
Nicholas Kirkwood	尼可拉斯・科克伍德
Nike	耐克
Padova	帕多华
Pierre Cardin	皮尔・卡丹
Prada	普拉达
Puma	彪马
Red or Dead	红色与死亡
Reebok	锐步
Shelly's	雪莉
True-Form	特鲁福姆
Yves Saint Laurent	圣罗兰
公司名	
Birkenstock	勃肯
Camper	看步
Florsheim	富乐绅
Freeman, Hardy &Willis	弗里曼、哈迪和威利斯
Kurt Geiger	库尔特・盖格
Ravel	拉威尔
Schuh	舒
人名	
Adolf Adi Dassler	阿道夫・阿迪・达斯勒
Al Saguto	艾尔・萨古托
Alfred J Cammeyer	阿尔弗雷德・J. 坎梅尔
André Courrège	安德烈・库雷热
André Perugia	安德烈・佩鲁贾
Anthony Price	安东尼・普莱斯
Berlutti	贝路帝
Beth Levine	贝丝・莱文
Bruno Magli	布鲁诺・马格利
Candace Bahouth	坎迪斯・巴胡斯
Charles Jourdan	查尔斯・卓丹
Christain Dior	克里斯汀・迪奥
Christian Louboutin	克里斯提・鲁布托
Christine Ahrens	克里斯汀・阿伦斯
Christopher Nemeth	克里斯托弗・内梅特
Coco Chanel	可可・香奈儿
Damien Hirst	达明安・赫斯特
Daniel Raufest	丹尼尔・拉夫斯特
Edouard Manet	爱德华・马奈
Elsa Schiaparelli	艾尔莎・夏帕瑞丽
Gatto	加托
Georgina Goodman	乔治娜・古德曼
Gianni Versace	詹尼・范思哲
H & M Rayne	H. & M. 莱恩
Hardy Amies	赫迪・雅曼
Herbert Levine	赫伯特・莱文
Herman B Delman	赫尔曼・B. 德尔曼
Jasper Conran	贾斯珀・康兰
Jean-Louis François Pinet	让-路易斯・弗朗索瓦・皮内特
Jean-Paul Gaultier	让-保罗・高提耶
Jimmy Choo	周仰杰
John Cubine	约翰・库宾
John Hutton	约翰・赫顿
John Moore	约翰・摩尔
Johnny Moke	约翰尼・莫克
Kansai Yamamoto	山本宽斋
M E Sablonniére	M. E. 萨布隆涅尔
Malcolm McLaren	马尔科姆・麦克拉伦
Manolo Blahnik	马诺洛・伯拉尼克
Mark Jeffrey	马克・杰弗里
Mary Quant	玛莉・官
Maud Frizon	莫德・弗里宗
Nathan Clark	内森・克拉克
Nicholas Lestage	尼古拉斯・莱塔热
Noritaka Tatehana	馆鼻则孝
Norman Hartnell	诺曼・哈特奈尔
Patrick Cox	帕特里克・考克斯
Peter Johnson	彼得・约翰逊
Pietro Yantorney	彼得罗・扬托尼
Richard Torry	理查德・托里
Rodolfo Azaro	鲁道大・阿扎罗
Roger Vivier	罗杰・维维亚
Ron Kitchin	罗恩・基钦
Rudolph Valentino	鲁道夫・瓦伦蒂诺
Salvatore Ferragamo	萨尔瓦托・菲拉格慕
Stuart Weitzman	斯图尔特・韦茨曼
Ted Savel	泰德・萨维尔
Terry de Havilland	特里・德・哈维兰
Thea Cadabra	西娅・卡达布拉
Victoria Pratt	维多利亚・普拉特
Vivienne Westwood	维维安・韦斯特伍德
W L Douglas	W. L. 道格拉斯
Zandra Rhodes	桑德拉・罗德斯

鞋靴图文史：影响人类历史的8000年

[英] 丽贝卡·肖克罗斯/著　晋艳/译

本书运用丰富的图片和生动的文字，详细讲述鞋子自古至今的发展变化及其对人类社会的影响，包括鞋靴演进史、服饰变迁史、技术创新史、行业发展史等。它不仅是一部鲜活的人类服饰文化史，也是一部多彩的时尚发展史，还是一部行走的人类生活史。

航母图文史：改变世界海战的100年

[美] 迈克尔·哈斯丘/著　陈雪松/译

本书通过丰富的图片和通俗的文字，生动详细讲述了航母的发展过程，重点呈现航母历史、各国概况、重要事件、科技变革、军事创新等，还包括航母的建造工艺、动力系统、弹射模式等细节，堪称一部全景式航母进化史。

空战图文史：1939—1945年的空中冲突

[英] 杰里米·哈伍德/著　陈烨/译

本书是二战三部曲之一。通过丰富的图片和通俗的文字，全书详细讲述二战期间空战全过程，生动呈现各国军力、战争历程、重要战役、科技变革、军事创新等诸多历史细节，还涉及大量武器装备和历史人物，堪称一部全景式二战空中冲突史，也是一部近代航空技术发展史。

海战图文史：1939—1945年的海上冲突

[英] 杰里米·哈伍德/著　付广军/译

本书是二战三部曲之二。通过丰富的图片和通俗的文字，全书详细讲述二战期间海战全过程，生动呈现各国军力、战争历程、重要战役、科技变革、军事创新诸多历史细节，还涉及大量武器装备和历史人物，堪称一部全景式二战海上冲突史，也是一部近代航海技术发展史。

密战图文史：1939—1945年冲突背后的较量

[英] 加文·莫蒂默/著　付广军　施丽华/译

本书是二战三部曲之三。通过丰富的图片和通俗的文字，全书详细讲述二战背后隐秘斗争全过程，生动呈现各国概况、战争历程、重要事件、科技变革、军事创新等诸多历史细节，还涉及大量秘密组织和间谍人物及其对战争进程的影响，堪称一部全景式二战隐秘斗争史，也是一部二战情报战争史。

堡垒图文史：人类防御工事的起源与发展

[英]杰里米·布莱克/著　李驰/译

本书通过丰富的图片和生动的文字，详细描述了防御工事发展的恢弘历程及其对人类社会的深远影响，包括堡垒起源史、军事应用史、技术创新史、思想演变史、知识发展史等。这是一部人类防御发展史，也是一部军事技术进步史，还是一部战争思想演变史。

武士图文史：影响日本社会的700年

[日]吴光雄/著　陈烨/译

通过丰富的图片和详细的文字，本书生动讲述了公元12至19世纪日本武士阶层从诞生到消亡的过程，跨越了该国封建时代的最后700年。全书穿插了盔甲、兵器、防御工事、战术、习俗等各种历史知识，并呈现了数百幅彩照、古代图画、示意图、手绘图、组织架构图等等。本书堪称一部日本古代军事史，一部另类的日本冷兵器简史。

太平洋战争图文史：通往东京湾的胜利之路

[澳] 罗伯特·奥尼尔/主编　傅建一/译

本书精选了二战中太平洋战争的10场经典战役，讲述了各自的起因、双方指挥官、攻守对抗、经过、结局等等，生动刻画了盟军从珍珠港到冲绳岛的血战历程。全书由7位世界知名二战史学家共同撰稿，澳大利亚社科院院士、牛津大学战争史教授担纲主编，图片丰富，文字翔实，堪称一部立体全景式太平洋战争史。

纳粹兴亡图文史：希特勒帝国的毁灭

[英]保罗·罗兰/著　晋艳/译

本书以批判的视角讲述了纳粹运动在德国的发展过程，以及希特勒的人生浮沉轨迹。根据大量史料，作者试图从希特勒的家庭出身、成长经历等分析其心理与性格特点，描述了他及其党羽如何壮大纳粹组织，并最终与第三帝国一起走向灭亡的可悲命运。

潜艇图文史：无声杀手和水下战争

[美]詹姆斯·德尔加多/著　傅建一/译

本书讲述了从1578年人类首次提出潜艇的想法，到17世纪20年代初世界上第一艘潜水器诞生，再到1776年用于战争意图的潜艇出现，直至现代核潜艇时代的整个发展轨迹。它呈现了一场兼具视觉与思想的盛宴，一段不屈不挠的海洋开拓历程，一部妙趣横生的人类海战史。

狙击图文史：影响人类战争的400年

[英]帕特·法里 马克·斯派瑟/著 傅建一/译

本书讲述了自17至21世纪的狙击发展史。全书跨越近400年的历程，囊括了战争历史、武器装备、技术水平、战术战略、军事知识、枪手传奇以及趣闻逸事等等。本书堪称一部图文并茂的另类世界战争史，也是一部独具特色的人类武器演进史，还是一部通俗易懂的军事技术进化史。

战舰图文史（第1册）：从古代到1750年

[英]山姆·威利斯/著 朱鸿飞 泯然/译

本书以独特的视角，用图片和文字描绘了在征服海洋的过程中，人类武装船只的进化史，以及各种海洋强国的发展脉络。它不仅介绍了经典战舰、重要事件、关键战役、技术手段、建造图样和代表人物等细节，还囊括了航海知识、设计思想、武器装备和战术战略的沿革……第1册记录了从古代到公元1750年的海洋争霸历程。

战舰图文史（第2册）：从1750年到1850年

[英]山姆·威利斯/著 朱鸿飞 泯然/译

本书以独特的视角，用图片和文字描绘了在征服海洋的过程中，人类武装船只的进化史，以及各种海洋强国的发展脉络。它不仅介绍了经典战舰、重要事件、关键战役、技术手段、建造图样和代表人物等细节，还囊括了航海知识、设计思想、武器装备和战术战略的沿革……第2册记录了从公元1750年到1850年的海洋争霸历程。

战舰图文史（第3册）：从1850年到1950年

[英]山姆·威利斯/著 朱鸿飞 泯然/译

本书以独特的视角，用图片和文字描绘了在征服海洋的过程中，人类武装船只的进化史，以及各种海洋强国的发展脉络。它不仅介绍了经典战舰、重要事件、关键战役、技术手段、建造图样和代表人物等细节，还囊括了航海知识、设计思想、武器装备和战术战略的沿革……第3册记录了从公元1850年到1950年的海洋争霸历程。

医学图文史：改变人类历史的7000年（精、简装）

[英]玛丽·道布森/著 苏静静/译

本书运用通俗易懂的文字和丰富的配图，以医学技术的发展为线，穿插了大量医学小百科，着重讲述了重要历史事件和人物的故事，论述了医学怎样改变人类历史的进程。这不是一本科普书，而是一部别样的世界人文史。

疾病图文史：影响世界历史的7000年（精、简装）

[英]玛丽·道布森/著 苏静静/译

本书运用通俗易懂的文字和丰富的配图，以人类疾病史为线，着重讲述了30类重大疾病背后的故事和发展脉络，论述了疾病怎样影响人类历史的进程。这是一部生动刻画人类7000年的疾病抗争史，也是世界文明的发展史。

间谍图文史：世界情报战5000年

[美]欧内斯特·弗克曼/著 李智 李世标/译

本书叙述了从古埃及到"互联网+"时代的间谍活动的历史，包括重大谍报事件的经过，间谍机构的演变，间谍技术的发展过程等，文笔生动，详略得当，语言通俗，适合大众阅读。

二战图文史：战争历程完整实录（全2册）

[英]理查德·奥弗里/著 朱鸿飞/译

本书讲述了从战前各大国的政治角力，到1939年德国对波兰的闪电战，再到1945年日本遭原子弹轰炸后投降，直至战后国际大审判及全球政治格局。全书共分上下两册，展现了一部全景式的二战图文史。

第三帝国图文史：纳粹德国浮沉实录

[英]理查德·奥弗里/著 朱鸿飞/译

本书用图片和文字还原了纳粹德国真实的命运轨迹。这部编年体史学巨著通过简洁有力的叙述，辅以大量绝密的历史图片，珍贵的私人日记、权威的官方档案等资料，把第三帝国的发展历程（1933—1945）完整立体呈现出来。

世界战役史：还原50个历史大战场

[英]吉尔斯·麦克多诺/著 巩丽娟/译

人类的历史，某种意义上也是一部战争史。本书撷取了人类战争史中著名大战场，通过精练生动的文字，珍贵的图片资料，以及随处可见的战术思维、排兵布阵等智慧火花，细节性地展现了一部波澜壮阔的世界战役史。

希特勒的私人藏书：那些影响他一生的图书

[美]提摩西·赖贝克/著 孙韬 王砚/译

本书通过潜心研究希特勒在藏书中留下的各类痕迹，批判分析其言行与读书间的内在逻辑，生动描绘了他从年轻下士到疯狂刽子手的思想轨迹。读者可以从中了解他一生收藏了什么书籍，书籍又对他产生了何种影响，甚至怎样改变命运。